超高压远距离输电

主 编 冉红兵　何光键　李仙琪

西南交通大学出版社
·成都·

内容简介

本书根据培养应用型职业技术人才的需要，针对我国南方电网交直流混联的实际所编写。本书详细介绍了高压直流输电、超高压远距离输电的运行与控制等内容，并根据国家电网输电技术发展的需要加设了柔性输电技术部分。本书既能全面反映电网企业运用的新技术、新设备尤其是输变电设备新技术的应用与发展，又能反映电力企业在技术方面的发展方向。本书可作输电和其相关专业的专业特色课程用书，也可作工程技术人员及职工培训用书。

图书在版编目（CIP）数据

超高压远距离输电 /冉红兵，何光键，李仙琪主编.
—成都：西南交通大学出版社，2009.10（2016.1 重印）
ISBN 978-7-5643-0477-5

Ⅰ.①超… Ⅱ.①冉… ②何… ③李… Ⅲ.①超高压－长线路－输电 Ⅳ.①TM722

中国版本图书馆 CIP 数据核字（2009）第 191038 号

超高压远距离输电

主编　冉红兵　何光键　李仙琪

*

责任编辑　李芳芳
特邀编辑　张　阅
封面设计　墨创文化

西南交通大学出版社出版发行
（四川省成都市二环路北一段 111 号西南交通大学创新大厦 21 楼　邮政编码：610031
发行部电话：028-87600564）
http://www.xnjdcbs.com
成都蜀通印务有限责任公司印刷

*

成品尺寸：185 mm × 260 mm　　印张：8.125
字数：202 千字
2009 年 10 月第 1 版　2016 年 1 月第 2 次印刷
ISBN 978-7-5643-0477-5
定价：18.00 元

图书如有印装质量问题　本社负责退换
版权所有　盗版必究　举报电话：028-87600562

前　言

随着能源开发、电能传输以及电力系统的规模不断扩大，通过大力发展西部水电、火电资源，西电东送，电力南北互供、全国联网，以实现全国范围内的资源优化配置和能源优化供给，是21世纪中国能源和电力工业建设的基本战略。力争到2020年，中国大规模西电东送和全国联网的目标基本实现，将逐步建成横贯东西南北、规模巨大的电力供应网络。随着电力系统的不断发展，采用高压直流输电的必要性也与日俱增，直流输电与交流输电相比，各有优缺点，两者可以取长补短，相互补充。在大功率远距离输电、海底电缆送电和交流系统非同步联系等方面，直流输电的优点尤为突出，从而使它成为电力系统中具有重要经济意义和技术意义的环节。

本书是根据培养应用型职业技术人才的需要，针对我国特别是南方电网交直流混联的实际，在吸收其他院校的相关教材及有关工程技术人员意见的基础上编写的。本书历经三轮修订，吸纳了国家电网的新建设与新技术，其编写思路为：① 根据《电力新技术》的部分、《高压直流输电工程技术》和收集的资料自编讲义，由于目前直流输电的书籍大多数是施工用书，理论讲解较少，因此我们采用了符合教学规律和实际应用的体系方式编写，增加了基本原理的介绍。② 课程讲义不断地补充和完善，在新型的直流输电技术之后，根据国家电网输电技术发展的需要加设了柔性输电技术部分。③ 本门课程是根据原来的技术讲座演变逐步形成教材，其培养内容以送变电线路职业技能鉴定规范上相关要求确定，以体现职业教育就是就业教育的原则。④ 本教材主要作为电力职业技术学院输电和其他相关电类专业的专业特色课程用书，也可以作为输电类职工培训用书。

全书分为4章，第1章、第3章、第4章由冉红兵和李仙琪编写，何光键编写了第2章并负责插图；本书在编写过程中得到了徐东飞副教授的无私帮助，得到了重庆大学王官洁教授的指导和帮助，在此一并表示感谢！

由于编者水平和实践经验所限，书中难免有不妥之处，欢迎读者提出宝贵意见。

编　者
2009年7月

目 录

第1章 电力技术的发展 ... 1
  1.1 电力技术与电力工业体系 ... 1
  1.2 能源形势与能源开发 ... 3
  1.3 发输变技术的发展 ... 7

第2章 高压灵活交流输电 ... 11
  2.1 高压交流输变电 ... 11
  2.2 500 kV 变电站 ... 13
  2.3 灵活交流输电（柔性输电） ... 22
  2.4 常见的 FACTS 基本原理及应用 ... 25
  思考题 ... 33

第3章 高压直流输电 ... 34
  3.1 概述 ... 34
  3.2 高压直流（HVDC）输电的构成 ... 39
  3.3 换流技术 ... 43
  3.4 换流站的布置 ... 52
  3.5 换流站的主设备（晶闸管换流器） ... 53
  3.6 换流站的主设备（换流变压器） ... 56
  3.7 换流站的主设备（直流电抗器） ... 59
  3.8 换流站开关设备（直流断路器） ... 61
  3.9 换流站的主设备（谐波和滤波器） ... 62
  思考题 ... 79

第4章 超高压远距离输电的运行与控制 ... 80
  4.1 交、直流混合输电的稳定问题 ... 80
  4.2 交流线路的运行与控制 ... 83
  4.3 直流输电线路 ... 100
  4.4 高压直流系统的控制 ... 113
  4.5 HVDC 和 FACTS 的发展前景 ... 119
  思考题 ... 123

参考文献 ... 124

第1章 电力技术的发展

1.1 电力技术与电力工业体系

1. 电的起源

1831年,法拉第发现了电磁感应定律,奠定了发电机的理论基础。电力技术历史上的三大发明是:

(1) 1866年,西门子发明了励磁电机,并预言:"电力技术将会开创一个新纪元。"
(2) 1876年,贝尔发明了电话,解决了电能通过线路输送的问题。
(3) 1879年,爱迪生发明了电灯。

这三大发明照亮了人类实现电气化的道路,引起了电力技术革命。

2. 电力工业的技术体系

(1) 1882年,爱迪生建成世界上第一座发电厂,共有6台直流发电机,通过110 V电缆供电,送电距离1.6 km、供6 200盏白炽灯照明用。

(2) 1881年,卢西恩·高拉德和约翰·吉布斯取得"供电交流系统"(二次发电机)专利。1884年,发明家乔治·威斯汀豪斯买下此专利,并在此基础上于1885年制成交流发电机和变压器,于1886年建成第一个单相交流送电系统。

(3) 1891年,在德国劳芬电厂安装了世界第一台三相交流发电机,建成第一条三相交流送电系统。三相交流电克服了直流供电容量小、距离短的缺点,开创了远方供电的新局面。

1.1.1 电力工业体系

1. 工业体系

电力工业体系包括以动力为主要特征的发电厂,如水电厂、火电厂、核电厂等;以输电线路、变电站和用户为主要业务范围的供电局;还成立了为保障电力系统(即整个电力工业)安全稳定运行的各级指挥机构,如图1.1所示。

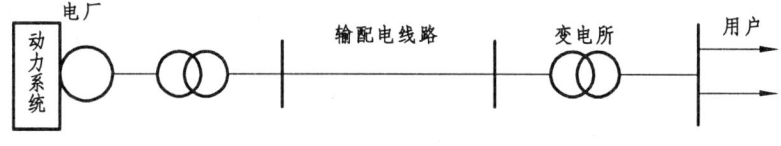

图1.1 电力工业体系

2. 理论体系

根据技术的发展，形成了直流电路、单相交流电路、三相交流电路等电路理论；电路与磁路等电磁应用理论；网络与电力系统分析理论等。

1.1.2 电力工业发展趋势

1. 电力工业的市场化体制改革

在 20 世纪 80 年代末 90 年代初，美国和英国发起了电力工业市场化体制改革，即所谓自由化、民营化、放松管制、打破垄断、引入竞争机制。其目的是为了保证可靠、长期、充足的电力和优质的服务、合理的价格、符合环境标准、面向更广泛的用户。

2. 更加广泛地使用电力

从发达国家几十年的实践来看，电力增长越快，总的能源需求增长越慢；电力占终端能源比重越大，单位产值的能源消费（即能源强度）越低。但是，电力替代煤炭、石油、天然气、燃气和秸秆等能源的速度，决定于世界各国对生态环境的要求和经济水平，决定于石油、天然气的可供应能力以及电力对其他能源的竞争能力。我国目前的电气化水平还很低，按计算我国 1990 年电能在终端能源中的消费比重约为 7.5%，而经济合作组织国家平均为 15%，大致相差一半。

3. 电力工业把注意力转向燃气蒸汽联合循环发电

电力工业初期主要依靠水电和凝汽式火力发电站，工业发达国家水能资源大部分开发后，电力发电技术在狭窄的领域里进行，即不断提高汽轮发电机的温度、压力，由低温低压、中温中压、高温高压向亚临界、超临界的方向发展，采用更大型的发电机、汽轮机和锅炉。但是 20 世纪 60 年代以后，凝汽式发电机技术几乎没有多大进展，电站的平均效率稳定在 35% 左右。为此，工业发达国家开始把发展方向转向核电，但是 1979 年的三哩岛事故和后来的切尔诺贝利事故，对核电站的安全提出了更高的要求，核电造价急剧上升，带动了核电电价上升，核电开始冷却下来了。

这时燃气蒸汽联合循环电站的造价降低到燃煤凝汽式电站的一半左右，效率提高到 55%~60%，建设工期降到几个月，大型联合循环电站可以做公用发电厂；小型的可作热电冷联产发电装置。用天然气作燃料发电，氮氧化物可削减 90%，SO_2 可减少为 0；更由于天然气供应充足、价格下跌且燃料来源广泛，于是成为世界各国步入 21 世纪可持续发展的桥梁。

4. 大力发展洁净煤技术

在化石能源中，煤炭的储量最为丰富，在可预见的将来，世界还不可能减少煤炭的消费量，为了解决煤炭利用对生态环境的不利影响，一个可行的选择是选择发展洁净煤技术。

5. 大力发展可再生能源发电

为减少 SO_2 的排放量，工业发达国家都十分重视可再生能源的发电利用。可再生能源包括水能（水力发电）、太阳能、风能、地热能、海洋能（包括潮汐能、波浪能、洋流能、温差能等）、生物质能。中国和大多数发展中国家水能资源的开发程度都较低，可供开发的优越水力地址还很多，在开发再生能源发电中，应把加快开发水电放在突出的位置。

6. 提倡分散的电力工业

最近国际上一些学者和国际组织认为：大容量、高参数机组发电，超高压、大电网远距离输电的集中供电是一些工业发达国家电力工业过去走过的道路。最近在布鲁塞尔成立的国际热电联产（ICA）的国际电力组织声称："电力工业在2015年前将发生根本的变化……，大型和远离负荷中心的电厂将越来越多地被靠近负荷中心的小型和清洁的发电方式所代替。这些负荷中心将减少对昂贵的远距离输电线路的需求。"预计冷热电联厂将成为未来的分散电力工业的主要模式。

7. 积极推广电力需求侧管理

传统的电力工业只进行电力供应侧管理，是做电力供应侧规划，把电力需求侧看做是凝固不变的，完全依赖电力供应侧去满足需求侧的需要。但是20世纪70年代两次石油危机之后，一些能源分析专家得出结论：电力需求受价格的影响（称为价格源性），价格越高，用电量越少；相反降低电价就可以增加用电量；因此电力需求并不是凝固不变的，合理的电价结构可以改变电力负荷曲线的形状。如果电力公司和电力用户都进行投资，提高用电效率，改变用电方式，可以在不影响用户舒适度的条件下，减少电力消费、抑平负荷曲线、提高负荷率，这样电力公司和电力用户的经济情况都可以获得改善。

1.2 能源形势与能源开发

1.2.1 世界能源发展状况

18世纪中叶，蒸汽机的发明引发了第一次工业革命，促进了煤炭工业的发展。第二次世界大战后，石油和天然气也获得迅速发展，据《2000世界能源统计评论》资料，一次能源消费比例是石油40.5%、天然气24%、煤炭25%、核能8%、可再生能源2.5%，即化石燃料约占总能源的89.5%。

随着世界经济的持续发展和人口的快速增长，世界能源消费总量也会不断增长，但是有限的石油、天然气和煤炭资源是无法长期满足世界能源需求的。据相关资料统计，1998年世界原油储量约为10 347亿桶，若按平均每天产油6 621桶（98年数值），已探明的石油只能开采43年；1998年世界确认的天然气储量约为145.65 Mm^3，天然气产量为2.34 Mm^3，世界天然气只能供人类开采62年。煤炭资源储量约为$9\,842\times10^9$ t，1999年煤炭产量为43.45亿吨，探明煤炭的可采储量可供开采200（240）年。

由此可见，21世纪的中叶，石油和天然气的短缺将使煤炭液化燃料比例增加，煤炭可能成为承上启下的过渡能源。为此，世界各国都加强了可再生能源的开发研究，如以色列的太阳能热水器普及率达 70%，世界风力发电装机已达 1 245 万 kW，法国的朗斯潮汐电站已运转多年。到 21 世纪中叶，可再生能源将占世界能源结构的 30%以上。可以预计，世界以化石燃料为主体的能源结构将逐步转变成以可再生能源为主体的能源结构。

1.2.2 我国能源基本情况

我国有着丰富的能源资源，世界各国有的能量资源我国都有。我国煤炭资源（探明储量）和水力资源均居世界第一位，石油资源占世界第十一位，天然气资源占世界第十四位，太阳能资源居世界第二位，潮汐、地热、风力和核燃料资源都很丰富。但我国人均占有量却很少，只有世界平均水平的一半，且能源资源地区分布不均衡。1985 年，煤炭探明储量 7690 亿吨，主要集中在华北和西北，各占 59.3%和 19.2%，西南占 9.6%，华东占 5.8%，中南 3.4%，东北 2.7%。石油探明储量 25 亿吨，天然气储量 3 800 亿立方米，主要分布在黑龙江、辽宁、河北、河南、山东、四川、甘肃和新疆等地。可开发水力资源有 3.78 亿千瓦，年发电量 1.92 亿千瓦时，主要集中在西南，占 68%，中南占 15.2%，西北占 10%，华东占 3.6%，东北占 2%，华北占 1.2%。我国太阳能和风能资源丰富，有很大利用潜力。

我国能源形势具有三大特征：① 人均能源不足，人均煤炭探明储量为世界的 51.3%，石油为 11.3%，天然气只有 3.78%。商品能源消耗量约为世界均值的 55%（高于发展中国家均值），为发达国家的 1/6，家庭用电量只有美国的 2.4%。我国是世界上最大煤炭生产国与消耗国，煤炭提供了 70%的工业燃料与动力、60%的化工原料、80%的民用商品能源；能源较丰富，但人均不足。② 一次能源分布不均，煤炭探明储量中，山西、内蒙及陕西占 65.2%；可开发水能 67.8%集中在西南地区；松辽、渤海湾、塔里木盆地和准葛尔盆地的石油占全国的 52.6%；天然气总储量 2/3 分布在中西部，而经济发达的东南沿海地区则缺乏能源。③ 我国能源利用效率低，能源系统总效率＝32%（开采效率）×70%（加工、储运、转换效率）×41%（终端利用效率）＝9.2%，不及发达国家的 1/2。发电用能源占一次能源的比重低（电是优质、高效、可靠、清洁的二次能源），1992 年的统计数据：加拿大 60.8%、法国 53.6%、英国 36.6%、日本 51.2%、德国 36.9%、意大利 32.2%、美国 43.8%、中国 28.8%（1990 年 23.1%）。

1.2.3 我国的能源开发情况

1. 发电能源开发

我国水能约有 680 MkW，其中可开发的约 400 MkW，占世界水能的 1/6，居世界首位，但水电开发还不到 10%；水电占电能比例为 27%～28%。我国是世界最大的煤炭生产国与消耗国，煤炭储量 6.4×10^{13} t，1995 年煤保有量 $10\,087.08 \times 10^9$ t、1 500 m 地下煤炭 $40\,000 \times 10^9$ t；开发火力（煤和石油）占电能 70%～80%。我国的常规能源是水电和火电的开发，因此未进行核电开发，一直到 1981 年 30 几位科学家提出节约能源的措施之一——核能开发，负荷大的地区开发核电；开发核电占电能的 2%～3%，其他如太阳能、地热、风力、潮汐均为小容量试制阶段。

2. 我国的水能资源

中国河流水能资源储量有 676 MkW（分布在十大流域），可供开发的水能资源达 378 MkW，无论储量还是可开发的水能，均为世界第一；据统计，目前只开发了 8.15%。

1989 年，中国水利水电规划设计院编制了《十二大水电基地》的规划性文件。他们是：① 金沙江水电基地；② 雅砻江水电基地；③ 大渡河水电基地；④ 乌江水电基地；⑤ 长江水电基地；⑥ 南盘江、红水河水电基地；⑦ 澜仓江水电基地；⑧ 黄河上游水电基地；⑨ 黄河中游水电基地；⑩ 湘西水电基地；⑪ 闽、浙、赣水电基地；⑫ 东北水电基地，规划总装机容量为 21 047.25 万千瓦。我国的水能资源大有前途，要着力扭转水电比重偏低的局面。

3. 核能——21 世纪的新能源

核能的和平利用，对于缓解能源紧张，减轻环境污染具有重要的意义。

(1) 核裂变能：重原子（如铀）分裂成几个原子核产生链式反应，释放出巨大能量。

(2) 核聚变能：两个较轻原子核（如氢的同位素）聚合成一个较重的原子核，释放出巨大能量。

核能的优点：

(1) 能量密度大，燃料用量少（100×10^4 kW 压水堆核电站 30 t 核燃料可用 3 年）。

(2) 由于核电站的设计标准较高，因此安全、可靠并能减轻环境污染。

(3) 核燃料储量丰富，因此价格比较稳定。随着核聚变技术的研发，轻核燃料可取之不尽。

我国核电开发情况：

1983 年国家建设了第一座核电站——秦山核电站（2 900 MW）之后，广东大压湾核电站（1 800 MW）、广东岭澳核电站（2 000 MW）、江苏田湾核电站（2 000 MW）相继建成；在中国第九个五年计划期间（1996—2000 年），中国核电进入了小批量建设阶段，每年都有一个新项目开工。秦山二期、岭澳、秦山三期、田湾这四个项目 8 套机组在 2002 年至 2005 年相继建成，部分机组目前已投入商业运行。到 2005 年，我国核电在役装机容量将达到 870×10^4 kW，核发电量将占全国总发电量的 3%左右。同时，山东海阳、辽宁、福建惠安、浙江三门、江西彭泽、广东阳江均准备建设核电站。

4. 新能源开发

常规能源为技术上比较成熟，已被人类广泛利用，在生产和生活中起着重要作用的能源，如煤炭、石油、天然气、水能和核裂变能等。新能源为目前尚未被人类大规模利用，还有待进一步研究试验与开发利用的能源，如太阳能、风能、地热能、海洋能及核聚变能等。

1）太阳能利用进入新的发展阶段

太阳能的利用技术进入新的发展阶段。国内太阳能热利用方面，主要有太阳能热水器、太阳灶、被动式太阳房和太阳能干燥器。经过十年的努力，我国太阳能热利用技术在这四个领域已基本过关，科技成果不同程度地转入小批量生产，有了一定数量推广应用的覆盖面，在缓解当地常规能源短缺、减轻生态和环境恶化等方面收到了实效。据 1993 年的不完全统计，全国已推广太阳能热水器 230×10^4 m²，被动式太阳房 180×10^4 m²，太阳能农作物温室 34.2

万公顷，太阳灶 14 万台，太阳能干燥器 13 200 m³，并一直保持发展势头。国产太阳能热水器平均每平方米每年可节约 100～150 kg 标准煤，其节能、社会效益十分明显。

我国的太阳能光伏发电应用始于 20 世纪 70 年代，但直到 1982 年以后才真正发展起来。在 1983 年到 1987 年短短的几年内先后从美国、加拿大等国引进了七条太阳电池生产线，使我国太阳电池的生产能力从 1984 年以前的年产 200 千瓦跃到 1988 年的 4.5 MW。在应用方面，我国目前太阳电池主要用于通信系统和边远无电地区，年销售约 1.1 MW。特别是我国迄今尚有 28 个无电县，上千个无电乡村，成千个无电岛屿，对解决这些边远偏僻地区供电需求，光伏发电已经并将更有效地发挥作用。目前西藏的 9 个无水力发电县中，已建成 2 个功率分别为 10 kW 和 4 kW 的光伏电站，其余 7 个已纳入国家计划正在兴建之中。在太阳电池研究方面，实用型单晶硅电池效率达 12%～13%，多晶硅电池效率为 9%～10%，非晶硅电池效率为 5%～6%。虽然高效硅电池及非晶电池的实验室水平与国外相差不大，但在向生产力转化方面却差得很多，有些新型且有潜力的太阳能电池的研究国内尚属空白。

2）风能开发利用继续发展

我国风力发电总装机容量达到 2.6×10^4 kW。20 世纪 80 年代以来，50～200 W 的微型风力发电机相继研制成功并投入批量生产，目前约有 12 万余台在内蒙古、新疆、青海等牧区草原和沿海无电网地区运行，解决了渔、牧民看电视和照明问题。1～20 kW 中、小型风力发电机组达到小批量生产阶段，目前正在研制 50～200 kW 中、大型风力发电机，有 14 个风电场正在建设当中。与此同时，低扬程大流量和高扬程小流量两种新型风力提水机已研制成功。此外，在全国风能资源调查，风力机性能测试技术基础理论研究、风能综合利用、国外风力机引进技术的消化吸收及风电场的试验运行方面均取得进展。

3）其他新能源和可再生能源的开发利用

其他新能源和可再生能源的开发利用，也有了一定的发展。我国地热资源现已利用的相当于 400×10^4 t 标准煤。值得一提的是我国西藏的地热开发利用，羊八井地热电站现装机总容量 2.5×10^4 kW，年发电量达 9 700 万度电，为拉萨电网供电的 50%，是我国目前最大的地热电站。氢能等极用应用前景的新能源技术开发尚处于实验室试验研究阶段。

近 20 年来，我国新能源和可再生能源的开发利用有很大发展，已经成为现实能源系统中不可缺少的组成部分。目前各类新能源和可再生能源，年提供约 3 亿多吨标准煤（其中大部分是生物质能，在目前的商品能源统计数字中并未计入），这对促进国民经济发展和满足广大农村和边远地区人民生活的能源需求起到了重要作用，见表 1.1。

表 1.1 中国新能源与可再生能源及其发电等应用现状

序号	能源类型	项目	应用现状
1	小水电	小水电	全国共建成小水电站 4.8 万座，总装机容量 24.8 GW，年发电 800 kWh
2	太阳能	太阳能热水器	全国太阳能热水器保有量达 2 600 万 m²，是世界上最大的太阳能热水器产销国
		太阳灶	全国太阳灶累计保有量达 33.2 万台，居世界第一位
		太阳房	全国已建成太阳房约达 $1 800 \times 10^4$ m²
		太阳能电池	全国太阳能电池发电装置累计装机容量约达 20 MW

续表 1.1

序号	能源类型	项目	应用现状
3	风能	独立型风力发电机组	全国累计安装独立型风力发电机组约达 19.8 万台,总容量 5.28×10^4 kW
		并网型风力发电机组	全国已建成并网风力发电场 26 座,总装机容量 34.4335×10^4 kW
4	生物质能	家用沼气池	全国已累计推广家用沼气池 763.7 万个,产气 25.9×10^9 m^3,居世界之首
		生活污水净化沼气池	全国已建成生活污水净化沼气池 49 322 个
		大中型沼气工程	全国已建成大中型畜禽养殖场能源环境沼气工程 1 000 多处,产气 10×10^9 m^3
		秸秆气化	全国已建成秸秆气化集中供应点 388 处,产气 1.5 亿 m^3
		蔗渣发电	全国已建成蔗渣发电工程>800 MW
5	地热能	地热发电	全国已建成地热发电约 27.78 MW,其中西藏羊八井地热电站装机 25.18 MW
		地热直接利用	全国约有地热直接利用点 1 300 多处,利用总量达 2 443 MW,其中利用量最大的是地热采暖,全国已营运的冬季地热供热系统的供热面积超过 $1 000 \times 10^4$ m^2
6	海洋能	潮汐发电	全国已建成潮汐电站 8 座、潮洪电站 1 座,总装机容量 10.65 MW

1.3 发输变技术的发展

1.3.1 发电机技术的发展

1. 发电机技术的发展史

发电机从发明开始,经历了直流电机——励磁电机——变压器——交流发电机的发展历程,如图 1.2 所示。

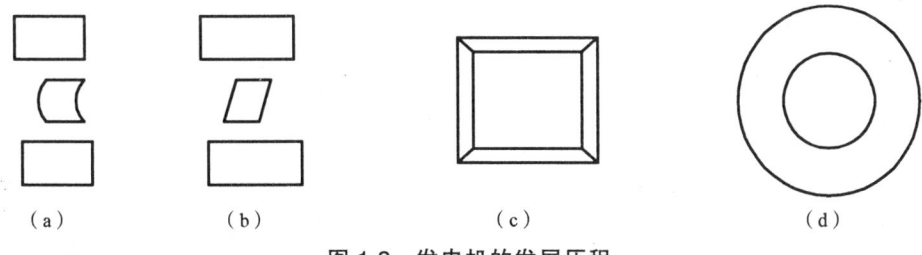

图 1.2 发电机的发展历程

2. 高效发电技术应用（见表 1.2）

表 1.2 我国火力电厂的参数和机组容量的关系

电厂参数类型	汽轮机气压/Pa	汽轮机气温/°C	机组容量范围/MW
中温中压	34×10^5	435	6~50
高温高压	88×10^5	535	25~100
超高压	132×10^5	535	125~200
亚临界压力	167×10^5	535	300
超临界压力	241.3×10^5	538/538	600

最早的汽轮机是低温低压机组，随着技术进步，逐渐过渡到中温中压——高温高压——超高压——亚临界压力——超临界压力。超临界压力机组的热效率可提高到40%，而超超临界压力可提高到44%。

1973年瑞士BBC公司为美国生产双轴 130×10^4 kW 机组，1980年苏联生产单轴 120×10^4 kW 机组，西方国家和日本可生产 80×10^4 kW 超超临界。

3. 冷却技术

定绕、转绕、铁芯；冷却介质：空冷——外冷、氢冷（导热能力为空气的5倍）——外冷与内冷；水冷（导热能力为空气的50倍）——内冷；油冷（导热能力为空气的21倍）；美国氢冷技术好、俄罗斯冷却技术全面。

4. 煤炭洁净燃烧发电技术

(1) 燃烧前处理：主要有洗选煤、型煤、煤的气化、液化等。

(2) 燃烧中的清洁利用（过程处理）：主要指硫化床燃烧技术、整体煤气化蒸汽联合循环、磁流体发电技术等。

(3) 燃烧后清洁处理：除尘、脱硫（有上百种方法）、脱硝、废水处理及排放、灰渣综合利用。

5. 清洁能源、可再生能源与新型发电机

(1) 清洁能源、可再生能源有水力发电技术和核电技术。

(2) 新型发电机有超导体发电机和磁流体发电机（天然气、石油、核燃烧产生等离子导电导体通过强磁场产生电能）。

1.3.2 变压器技术的发展

1. 技术发展史

1851年俄国人列姆勒夫发明了"二次发电机"；1884年法国高拉德和英国吉布斯进行了"二次发电机"表演，美国威斯汀豪斯买下此专利；现已发展为电力变压器和特种变压器（试验、整流、船用)。

2. 电力变压器的分类

按用途分：升压、降压、联络、厂用、配电。
按相与线圈数分：单相和三相、双线圈、三线圈、自耦变。
按冷却方式分：油浸自冷、油浸风冷、油浸水冷、强迫油循环风冷、强迫油循环水冷、干式空气自冷。
按导线材料分：铜制和铝制两种。
按调压方式分：无激磁调压、有载（激磁）调压。

1.3.3 输电线路技术的发展

1. 电网技术的发展

$$\Delta P = 3I^2 R = P^2/U^2 \cos^2 \Phi \times \rho l/S$$

① 提高 U；② 提高 $\cos \Phi$；③ 减小 ρ 或增大 S。

我国现行的电力网额定电压标准为：3 kV、6 kV、10 kV、35 kV、110 kV、220 kV、500 kV、±500 kV 等。

低压网络 1 kV ——380/220 V 低压系统。
高压网络 1~220 kV ——电弧、开关与灭弧装置。
超高压网络 330~1 000 kV ——电晕现象、分裂导线。
特高压网络 1 000 kV 以上——美国 765 kV 线路运行、日本（1996 年）1 000 kV 线路降压运行。

2. 各级电压等级与线路输送容量及输送距离的关系（见表 1.3）

线路额定电压/kV	输送容量/MW	输送距离/kM	备注
0.38	0.1	0.6	
3	0.1~1.0	1~3	
6	0.1~1.2	4~15	
10	0.2~2.0	6~20	
35	2.0~10.0	20~50	
110	10.0~50.0	50~150	
220	100.0~300.0	100~300	
500	800.0~2 000.0	400~1 000	
±500		850 以上	

3. 新型输电技术

在电力工业的萌芽阶段，以爱迪生（1847—1931）为代表的直流派力主整个电力系统从发电到输电都采用直流；以西屋（1884—1914）为代表的交流派则主张发电和输电都采用交流。由于多台交流发电机同步运行问题的解决以及变压器、三相感应电动机的发明和完善，交流系统在经济技术上的优越性日益突出，最终取得了主导地位。在发电和变压问题上，交流有明显的优势；但是在输电问题上，直流有交流所没有的优点：

（1）由于交流系统的同步稳定性问题，大容量长距离输送电能将使建设输电线路的投资大大增加，当输电距离足够长时，直流输电的经济性将优于交流输电。

（2）由于现代控制技术的发展，直流输电通过对换流器的控制可以快速地调整直流线路上的功率，从而提高交流系统的稳定性。

（3）直流输电线路可以连接两个不同步或频率不同的交流系统。

由于这几条主要优点，直流输电的竞争力日益提升，发展到今天，现代电力系统已成为交流系统中包含直流输电系统的交直流混联系统。

对于新建设的输电线路，采用高压直流输电技术（HVDC）是解决长距离大容量输送电能的一个途径。但是对于已建成的交流输电线路，尽可能地提高其输送能力也是一个重要途径。由于已建成的电力网中，交流输电线路条数远多于直流输电线路条数，因而对交流输电线路进行适当的技术改造，从而大幅度地提高它们的效力可能比建设新的输电线路在经济上更为可行。

柔性交流输电系统（FACTS）也称柔性输电技术或灵活输电技术，其概念最初由美国学者亨高罗尼提出，约形成于20世纪80年代末。柔性输电技术是利用大功率电力电子元器件构成的装置（控制器及其他静止型控制器）来控制或调节交流系统的运行参数和网络参数从而优化电力系统的运行状态，提高电力系统输送能力的技术。显然，高压直流输电技术也满足以上定义。但是，由于高压直流输电技术已独立发展成一项专门的输电技术，故现今所谓的柔性输电技术不包括高压直流输电技术。

柔性交流输电技术和高压直流输电技术的基本特点都是控制十分迅速，因此研究 HVDC 和 FACTS 在各种运行工况下的分析方法、控制技术及含有 HVDC 和 FACTS 的电力系统的潮流计算及控制策略将成为电力科学研究的重要领域。

思 考 题

1.1 简述科技革命对国家盛衰的影响。
1.2 简述电力技术起源的三大发明对电力技术革命的作用。
1.3 简述世界的能源形势与我国能源的三大特征。
1.4 简述高压输电与低压配电的意义，并说明远距离输电的优势。
1.5 试述电力工业的发展趋势。
1.6 试述电力技术的发展与电力技术理论发展的关系。

第2章 高压灵活交流输电

2.1 高压交流输变电

2.1.1 概 述

随着用电需求不断增长，大型水电厂、火电厂和核电厂的建设，地区间电源与负荷的不平衡以及经济调度的需要，要求发展高压输电网，电压等级也随之逐步提高。从最初较低电压的 6~10 kV 经历 35 kV、110 kV 和 220 kV，发展到超高压的 330 kV、500 kV 和 750 kV 电网，并且还有继续上升的趋势。概括起来，影响输电电压等级发展的主要有以下原因：

1. 长距离输送电能

由于大容量发电厂的建设地点一般远离负荷中心，如果采用低压输电，势必造成输送功率的巨大浪费和电能质量的下降，因此，提高输电电压等级就成为必然的选择。

我国自行设计和施工的第一回 220 kV 松（丰满水电厂）东（虎石台变电站）李（李石寨变电站）线路，全长 369.25 km，于 1954 年 1 月竣工并投入运行，为丰满水电厂送出线路。我国 330 kV 第一回线路的首次出现是由刘家峡水电站向关中送电。美国首次 500 kV 线路输电是 1965 年俄勒岗州水电站向旧金山送电。我国 500 kV 线路在各电力系统的出现也都与电源送出密切相关。

不同电压等级输电线路的经济输送容量和输送距离的关系见表 2.1。

表 2.1 不同电压等级的输送容量和输送距离

电压等级 /kV	输送容量 /MV·A	输送距离 /km	电压等级 /kV	输送容量 /MV·A	输送距离 /km
10	0.2~2	6~20	330	200~800	200~600
35	2~15	20~25	500	1000~1500	150~850
110	10~50	50~150	750	2000~2500	500 以上
220	100~500	100~300			

2. 大容量输送电能

随着电力系统发电容量的增大，特别是大型坑口火电厂和核电厂的投产，尽管输电距离不长，但输送容量很大，也需要采用较高的电压等级，如美国某电力系统为配合坑口火电厂（5 台 80×10^4 kW 机组）和核电厂（2 台 110×10^4 kW 机组）的投产，在原有 345 kV 电压之上采用 765 kV 的输电电压。

3. 节省基建投资和运行费用

如果以输送每千米每千瓦电力的线路造价作为单位造价，则在各级电压相应的经济输送容量范围内，线路的单位造价将随输送电压等级的升高而降低。在长距离输电线路中，变压器造价所占比重较小，即使按输送距离 300 km 计算，包括变电设备造价在内的 750 kV 输电线路的单位造价，仅为 330 kV 的 50%左右。

在相同的输送容量和距离的条件下，输电线路的总损耗（包括电阻损耗和电晕损耗）随输电电压等级的升高而降低。如表 2.2 所示，750 kV 线路的线损率约为 330 kV 线路的 1/2。

表 2.2　电压等级与线损率的关系

电压等级/kV	导线截面/mm²	输送容量/MW	线损率/%
220	1×570	250	2.75
330	2×270	700	1.30
500	4×570	1 200	0.95
750	4×570	2 500	0.70

此外，输送相同容量电力的线路走廊的宽度，也随着采用电压等级的升高而降低。走廊占地费用在线路总造价中所占比重较大（如美国东部地区 500 kV 线路约占线路总造价的 15%～30%），为减少走廊占地费用，采用超高压输电也就在所难免。

4. 电力系统互联

电力系统的发展，必然会打破历史形成的地方电力系统的疆域，逐渐连成大区域或跨区域的联合电力系统。也只有依靠联合电力系统才能把诸如水能、煤炭、石油、天然气、核能等一次能源转化为电能，并把它们有效地联系在一起，通过长距离输送，进行分配，互相支援，彼此配合，取得最大的经济效益。

为了增强电网输送能力，提高系统的运行稳定性，大区电力系统连接多采用 500 kV 或 750 kV 超高压电压等级，甚至采用 1 150 kV 的特高压电压等级（如俄罗斯）。

2.1.2　我国 330 kV 及以上超高压输电

1972 年我国第一回 330 kV 线路正式投入运行，该线路经甘肃泰安变电站至陕西省关中地区汤峪变电站，全长 534 km，可将刘家峡水电厂的电力送入西北电力系统，揭开了我国超高压输电史的第一页。以刘家峡水电厂为中心的西北 330 kV 电力系统，不仅使我国的输电电压等级从高压跃升至超高压，而且促进了我国电力设备制造和运行管理水平的提高，为后来的 500 kV 和 750 kV 输变电发展打下了基础。

由河南省姚孟电厂经双河向武汉送电的我国第一回 500 kV 线路[平（顶山）武（汉）线]，全长 595 km，于 1981 年在华中电力系统建成并投入运行。随后东北、华北、华东等大区电力系统也相继建设了多条 500 kV 线路，在消化引进国外 500 kV 输电技术的基础上，经过研制，我国已成批生产 500 kV 输变电设备。目前我国已经建成的华中、华东、华北、东北、南方电力系统，都是以 500 kV 网络作为其主干网络，跨大区电力系统互联也采用了 500 kV 交流输电技术。

2003 年 9 月 19 日，西北 750 kV 官亭至兰州东输变电工程正式开工。这不仅是我国电力系统输变电电压等级的一次历史性跨越，而且对加强西电东送北通道建设，加快黄河水电和新疆、宁夏、陕北火电外送具有重要意义。

30 多年来超高压输电系统的发展，初步显示了超高电压的作用：进一步提高了电网输送能力，提高了系统运行稳定性；使大区电力系统内各省电力系统之间，跨大区电力系统间起到了电力余缺调节、水电和火电互补、事故时相互支援的作用。此外，通过在山西、内蒙等省（区）煤炭基地建设坑口火电厂，变输煤为输电，大大减轻了铁路运输压力，对国民经济具有深远的意义。

2.2 500 kV 变电站

2.2.1 500 kV 变电站电气主接线

变电站电气主接线指的是变电站中汇集、分配电能的电路，通常称为变电站一次接线，是由变压器、断路器、隔离开关、互感器、母线、避雷器等电气设备按一定顺序连接而成的。

为了便于运行分析与操作，变电站的主控制室中，通常使用了能表明主要电气设备运行状态的主接线操作图，每次操作预演和操作完成后，都要确认图上有关设备的运行状态已经正确无误。

电气主接线是整个变电站电气部分的主干，电气主接线方案的选定，对变电站电气设备的选择，现场布置，保护与控制所采取的方式，运行的可靠性、灵活性、经济性、检修、运行维护的安全性等都有直接的影响，因此，选择优化的电气主接线方式，具有特别重要的意义。

500 kV 变电站是电力系统的枢纽站，在电力系统中的地位极为重要，其安全可靠运行将直接影响整个系统的安全稳定运行。因此，对 500 kV 变电站可靠性要求较高。目前，我国 500 kV 变电站的电气主接线一般采用双母线四分段带专用旁路母线和 3/2 断路器两种接线方式，从发展看，后者比前者更被认同和广泛使用。

如图 2.1 所示，两组母线 W1 和 W2 间有两串断路器，每一串的三组断路器之间接入两个回路引出线（如 WL1、WL2），处于每串中间部位的断路器称为联络断路器（如 QF2），由于平均每条引出线装设一台半断路器，故称为一台半断路器接线。如断路器串在三串及以上，则引出线隔离开关（如 QS11）可以取消，以节约投资。

由图 2.1 看出，600 MW 汽轮发电机与主变压器接成发电机—变压器单元接线方式，发电机出口不装断路器，将发电机的额定电压 20 kV 经三台单相双绕组、总容量为 3×240 MV·A 主变压器升高至 500 kV。

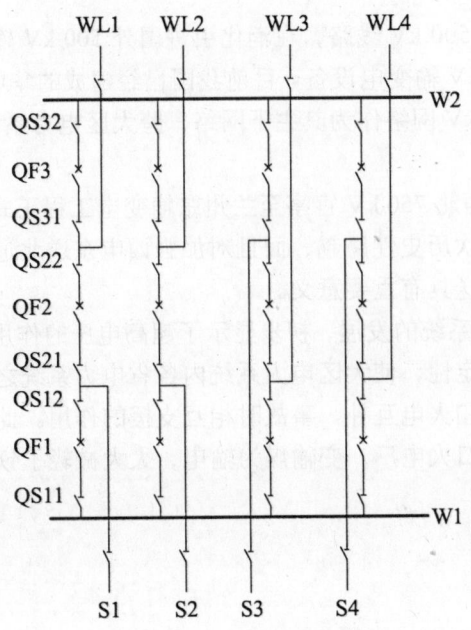

图 2.1 发电机—变压器单元接线方式

发电机至主变压器之间的主引出线采用分相封闭母线，厂用变压器分支引出线和电压互感器分支引出线（图 2.1 中未画出）也采用分相封闭母线。

每台发电机设置两台容量为 56 MV·A、电压为 20/10.5/3.15 kV 的高压厂用变压器。厂用变压器的容量除满足预测厂用最大负荷外，余有 10%容量供负荷扩充用。

500 kV 升压变电站配电装置采用中型布置，断路器采取三列式布置。在母线和线路上装设三相电容式电压互感器，在主变压器上装设单相电容式电压互感器，接线简单清晰。母线为铝合金管型硬母线，间隔宽度为 32 m，基本冲击绝缘水平 1 800 kV。

升压变电站采用架空地线作为直击雷保护，避雷线引到主厂房 A 排柱接地。避雷器装在进线侧和变压器旁，母线上未装避雷器。

在 500 kV 变电站中，500 kV 线路和设备的电压等级高，工作电流大，设备本身外形尺寸和体积均很大，如 500 kV 变压器和并联电抗器套管的对地距离接近 9 m，断路器和隔离开关的本体高度接近 7 m，避雷器高度接近 6.5 m。因此，过电压（分为内部过电压和外部过压）与绝缘配合，静电感应的空间场强水平和限制措施以及电晕和无线电干扰等问题都比较突出。

2.2.2 500 kV 变电站主要电气设备

500 kV 超高压变电站的主要电气设备有主变压器、断路器、隔离开关、电压互感器、电流互感器、避雷器、并联电抗器和串联电容器等。

1. 主变压器

（1）500 kV 升压变压器。500 kV 主变压器的主要特点是电压等级高、传输容量大，对变压器的设计和工艺的要求也就很高。500 kV 变电站的升压变压器，对于单机容量为 600 MW

的发电机组，采用发电机—变压器组单元接线，变压器的容量为 700 MV·A 左右，多采用三相变压器，也有采用三台单相变压器接成三相组的。

500 kV 升压变压器的主要技术数据为：

型式：户外油浸三相变压器。

额定容量：755 MV·A。

额定电压：$(525 \pm 2 \times 2.5\%)$ kV/20 kV。

额定电流：（高压/低压）830/21800 A。

阻抗电压：13.32%（保证值：13.5%）。

空载电流：0.114%（保证值：0.234%）。

空载损耗：298.6 kW（保证值：310 kW）。

允许温升：绕组 60℃，油 55℃。

冷却方式：强迫油循环风冷式。

接线组别：YN,d11

变压器质量：总质量 494 t，油质量 8.7 t，铁芯和绕组质量 347 t，器身（油身）质量 6.0 t。

(2) 500 kV 自耦变压器。500 kV 变电站的联络变压器和降压变压器大都采用自耦变压器。500 kV 自耦变压器一般接成星形—星形。由于铁芯饱和，在二次侧感应电压内会有三次谐波出现。为了消除三次谐波及减小自耦变压器的零序阻抗，三相自耦变压器中除有公共绕组和串联绕组外，还增设了一个接成三角形的第三绕组，此绕组和公共绕组、串联绕组只有磁的联系，没有电的联系。第三绕组电压为 6~35 kV，除用来消除三次谐波外，还可以用来对附近地区供电，或者用来连接无功补偿装置等。

500 kV 自耦变压器的主要技术数据为：

型式：户外油浸三相三绕组自耦变压器，中压侧绕组端带有载调压装置。

额定容量：750/750/240 MV·A。

额定电压：$(525/230 \pm 9 \times 1.33\%)$ kV/36 kV。

额定电流：824/1 882/3 849 A。

阻抗电压：$U_{k(1-2)} = 12\%$，$U_{k(1-3)} = 48\%$，$U_{k(2-3)} = 35\%$。

空载电流：0.2%。

空载损耗：146.17 kW。

允许温升：绕组 60℃，油 55℃。

冷却方式：强迫油循环风冷。

接线组别：Yna,d11。

变压器质量：总质量 350 t。

2. 断路器

在电力系统中，断路器的主要作用是：① 在正常情况下控制各电力线路和设备的开断及关合。② 在电力系统发生故障时，自动切除短路电流，以保证电力系统正常运行。断路器依据其使用的灭弧介质，可分为油断路器、真空断路器、空气断路器、六氟化硫（SF_6）断路器等。由于电力系统容量越来越大，电网输电电压越来越高，所以对断路器的要求也越来越高。在众多种类的断路器中，由于 SF_6 断路器具有灭弧能力强、开断容量大、熄弧特性好的特点，因而在超高压输电网中普遍使用，到目前为止，我国 500 kV 断路器全部使用 SF_6 断路器。

500 kV SF_6 断路器的主要技术数据为：

  型号：LW6-500 型。
  额定电压：500 kV。
  最高工作电压：500 kV。
  额定电流：3 150 A。
  额定短路开断电流：50 kA。
  额定峰值耐受电流（峰值）：125 kA。
  额定短时耐受电流（有效值）：50 kA（3 s）。
  额定短路关合电流（峰值）：125 kA。
  固有分闸时间：≤28 ms。
  全开断时间：≤50 ms。
  分闸时间：≤90 ms。
  金属短接时间：35 ms。

3. 隔离开关

隔离开关是高压开关设备的一种。在结构上，隔离开关没有专门的灭弧装置，因此不能用来切断负荷电流和短路电流；正常分开位置时，隔离开关两端之间有符合安全要求的可见绝缘距离。在电网中，其主要用途有：

（1）设备检修时，隔离开关用来隔离有电和无电部分，形成明显的开断点，以保证工作人员和设备的安全。

（2）隔离开关和断路器相配合，进行倒闸操作，以改变系统接线的运行方式。

500 kV 隔离开关的主要技术数据为：

  型号：GW-500 型。
  额定电压：500 kV。
  最高运行电压：550 kV。
  额定电流：3 150 A。
  额定峰值耐受电流（峰值）：125 kA。
  额定短时耐受电流（有效值）：50 kA（3 s）。
  开断容性电流：2 A。
  分、合闸时间：（6.4±1）s。

4. 电压互感器

电压互感器是将高电压转换成低电压，供各种设备和仪表用。电压互感器的主要用途有：
（1）供电量结算用，要求有 0.2 级准确等级，但输出容量不大。

（2）用作继电保护的电压信号源，要求准确等级一般为 0.5 级及 3P 级，输出容量一般较大。

（3）用作合闸或重合闸检查同期、检无压信号，要求准确等级一般为 1.0 级和 3.0 级，输出容量较大。

现代电力系统中，电压互感器一般可做到四绕组式，这样一台电压互感器可集上述三种用途于一身。电压互感器分为电磁式和电容式两大类，目前在 500 kV 电力系统中，大量使用的都是电容式电压互感器。

5. 电流互感器

电流互感器是专门用作变换电流的特种变压器。电流互感器的一次绕组串联在电力线路中，线路中的电流就是互感器的一次电流；二次绕组接有测量仪表和保护装置，作为二次绕组的负荷，二次绕组输出电流额定值一般为 5 A 或 1 A。

电流互感器的一、二次绕组之间有足够的绝缘，从而保证所有低压设备与高电压相隔离。电力线路中的电流各不相同，通过电流互感器的一、二次绕组不同匝数比的配置，可以将大小悬殊的线路电流变换成大小相当、便于测量的电流值。

6. 避雷器

避雷器是变电站保护电气设备免遭雷电冲击波袭击的设备。当雷电冲击波沿线路传入变电站，超过避雷器保护水平时，避雷器首先放电，将雷电压幅值限制在被保护设备雷电冲击水平以下，使电气设备受到保护。

按发展的先后，目前使用的避雷器有五种：保护间隙、管型避雷器、阀型避雷器、磁吹阀式避雷器和氧化锌避雷器。目前 500 kV 系统中广泛采用氧化锌避雷器作过电压保护，因为它具有无间隙、无续流、残压低等优点；也有采用磁吹阀式避雷器作过电压保护的。

7. 并联高压电抗器和抽能并联高压电抗器

超高压交流输电线路有大量的容性充电功率。100 km 长的 500 kV 线路容性充电功率约为 100～120 Mvar，为同样长度 220 kV 线路的 6～7 倍。如此大的容性充电功率给电网的安全运行带来了许多麻烦。因此，在超高压输电线路上一般要装设并联高压电抗器。为了解决 500 kV 交流开关站的站用电问题，可采用带辅助抽能线圈的并联高压电抗器，简称为抽能并联高压电抗器。

1）并联高压电抗器

并联高压电抗器并接在高压输电线路，它的作用是补偿高压输电线路的电容和吸收容性无功功率，防止电网轻负荷时因容性功率过多而引起电压升高。概括起来，并联电抗器在电网中的作用主要有以下 5 点。

（1）限制工频电压升高。超高压输电线路一般输送距离较长；同时，由于采用分裂导线，所以线路的电容很大，充电功率也很大。当容性功率通过感性元件（如发电机、变压器和输电线路电感等）时会引起电压升高，反映在空载线路上，会使线路上的电压呈现逐渐上升的趋势，即所谓容升效应。严重时，线路末端电压能达到首端电压的 1.5 倍以上，如此高的电压是电网无法承受的。在长距离线路首末端装设并联电抗器后，可补偿线路上的电容电流，抑制容升效应，从而限制工频电压的升高。例如某 500 kV 线路，长度为 250 km，线路每单位长度正序电感和电容分别为 $L_1=0.9$ μH/m、$C_1=0.012\ 7$ μF/m。若无并联电抗器，空载时线路末端电压则为首端电压的 1.41 倍，电网是不允许在这样高的电压下运行的；若在线路末端并联电抗值为 $X_L=1\ 837$ Ω 的电抗器，空载时末端电压则仅为首端电压的 1.13 倍。由此可见，并联电抗器的接入能明显控制超高压线路的工频电压升高。并联电抗器的容量 Q_L 对空载长线电容无功功率 Q_C 的比值 Q_L/Q_C 称为补偿度。补偿度一般选在 60% 左右。

（2）降低操作过电压。① 500 kV 线路断路器一般带有合闸电阻。当带有合闸电阻的断路器合闸于带有并联电抗器的空载线路时，合闸过电压发生在合闸电阻短路的瞬间，过电压的大小取决于电阻上的电压降，即取决于电阻上流过电流的大小。线路有并联电抗器补偿时，流过电阻的电流小，因而合闸过电压降低。② 当开断带有并联电抗器的空载线路时，被开断导线上剩余电荷沿着电抗器以接近 50 Hz 的频率作振荡放电，最终泄入大地，使断路器触头间电压由零缓慢上升，从而大大降低开断后发生重燃的可能性。③ 由于高压电抗器降低了空载线路的电压升高，因而降低了各种操作过程中的电压强制分量，对线路上各种操作过电压都有限制作用。

（3）消除发电机带长线出现自励磁。当发电机以额定转速合闸于空载线路时，由于发电机电压加于线路容抗上，电容电流的助磁作用使发电机电压不断升高。当发电机和线路的参数满足一定的条件时，会出现发电机电压超出额定电压很高的情况，这就是所谓的发电机自励磁现象。

发电机自励磁引起的工频电压升高可能达到额定电压的 1.5~2.0 倍甚至更高，其持续发展将严重威胁网络中电气设备的安全运行。并联电抗器能大量补偿线路容性无功功率，破坏发电机的自励磁条件，是防止产生自励磁的一种有效措施。

（4）避免长距离输送无功功率并降低线损。500 kV 线路充电功率大，输送的有功功率常低于自然功率，线路无功损耗较小。而 500 kV 线路送端往往是大型发电厂，电源本身还有一定数量的无功功率，若不采取措施，就可能远距离输送无功功率，造成电压质量降低，有功功率损耗增加，而且送端增加的无功功率的大部分都被线路消耗掉，并不能得到利用。并联电抗器正好能吸收容性无功功率，使无功功率就地平衡，从而实现改善沿线电压分布及降低有功功率损耗的目的。

（5）限制潜供电流，有利于单相自动重合闸。超高压输电系统中，为提高供电可靠性，一般采用单相自动重合闸，即当线路发生单相接地故障时立即断开该相线路，待故障处电弧熄灭后再重合该相。但实际情况是，当故障线路两侧开关断开后，故障点电弧并不马上熄灭，其原因是：

① 由于导线间存在分布电容，会从健全相对故障相感应出静电耦合电压。

② 健全相的负荷电流通过导线间的互感影响，在故障相感应出电磁感应电压。这样，在故障相叠加有这两个电压之和（称为二次恢复电压），在这个电压的作用下，经相对地电容可使故障点维持几十安的接地电流，称为潜供电流。线路愈长，则潜供电流愈大，潜供电弧也愈不容易自行熄灭。由于潜供电流的存在，影响单相自动重合闸的成功率。

如果输电线路上有并联电抗器，且其中性点经小电抗器接地（小电抗器容量小而感抗值高），由于小电抗器的补偿作用，使潜供电流中的电容电流和电感电流都受到限制，加快潜供电弧的熄灭，从而大大提高单相重合闸的成功率。

2）抽能并联高压电抗器

抽能并联高压电抗器为单相式，具有单相铁芯结构，冷却方式为油浸自冷，每台容量为 40 Mvar，并联电抗器一次线圈和抽能线圈的额定电压比为 5.25/3/5.85 kV，抽能线圈输出电压的误差范围为 $-4\%\sim+5\%$。中性点电抗器采用油浸空心电感式电抗器，具有较强的短时过载能力。

在抽能线圈输出电压可控和已知抽能线圈阻抗的前提下，确定抽能中间变压器参数。抽能中间变压器额定容量为 580 kV·A，变比为 $6\pm4\times2.5\%/0.4$ kV，F 级绝缘干式，采用高压侧有载调压。由这些设备及相关设备组成 6 kV 抽能系统。抽能并联高压电抗器除利用辅助抽能线圈提供站用电源外，其余功能与并联电抗器的功能基本相同，下面仅介绍 6 kV 抽能系统。

500 kV 并联电抗器及抽能系统接线。每相并联电抗器 L 的抽能线圈引出至挂在电抗器本体的抽能端子箱。端子箱内有避雷器 F、隔离开关 QS1 和 QS2、高速熔断器 FU 和电流互感器 TA 等设备。三相电抗器 L 的抽能线圈按星形接线引出，经三相 6 kV 电缆接引至站用抽能中间变压器小室。小室内有 6 kV 真空断路器 QF1、中间变压器 T、电压互感器 TV、400 V 出线低压断路器 QF2 和相关继电保护等设备。

（1）避雷器。每相电抗器抽能绕圈引出的两个端子均安装了氧化锌避雷器。正常情况下，6 kV 系统都处于避雷器的保护范围之内，即使 6 kV 系统断开检修，而并联高压电抗器仍处于运行时，其 6 kV 抽能线圈仍与该避雷器保持相连，并具有耐受来自 500 kV 侧各种过电压的能力。

（2）6 kV 隔离开关。每相安装了两台隔离开关 QS1 和 QS2，其作用是当并联电抗器处于运行状态，若 6 kV 系统的设备因故需停用，如熔断器熔断更换熔丝、6 kV 电缆试验等，这时只需要拉开这两台隔离开关即可开始工作。此外，为了设备运行安全及检修方便，在端子箱内 QS1 和 QS2 之间还加装了绝缘隔板及检修时用的活动绝缘隔板，防止抽能线圈两个引出线之间短路。

（3）高速熔断器。用于保护 6 kV 真空断路器之前各元件和电缆线路的故障，快速熔断，保护抽能绕组。

（4）抽能中间变压器。每组并联电抗器配置一台 580 kV·A 有载调压干式变压器，变比为 $6\pm4\times2.5\%/0.4$ kV。

（5）电压互感器。采用小车式操作，干式结构，变比为 $6.6/0.11/0.11/3$ kV，作用是检测 6 kV 电压，提供接地开关的电气闭锁和继电保护用二次电压。

（6）真空断路器。选用小车操作的真空断路器，额定电压为 7.2 kV，额定电流为 400 A，额定开断电流为 8 kA。

（7）低压断路器。额定电压为 400 V，额定电流为 1 200 A，额定开断电流为 50 kA。

（8）接地开关。用于更换电压互感器熔丝或检查电压互感器的安全接地，与电压互感器的小车有机械闭锁，与真空断路器以及抽能端子箱的门锁间也有闭锁功能。

使用带抽能的 500 kV 并联电抗器，作为 500 kV 开关站的主要站用电来源，其可靠性高，电压稳定，对于提高整个 500 kV 输电系统的可靠性意义较大。

8. 串联电容器补偿

(1) 基本原理。高压输电线路的静态稳定输送功率可由下式表示，即
$$P=(EU/X_L)\sin\delta$$

式中，E——发电机电压；

U——线路末端的电压；

δ——线路两端的电源电压的相角差；

X_L——发电机阻抗和线路阻抗之和；

EU/X_L——线路的极限输送功率，即静态稳定极限。

当线路中安装有串联电容器补偿后，线路的静态稳定输送功率变为
$$P=EU/X_L-X_C\sin\delta$$

式中，X_C——串联电容器的阻抗。

在同一个相角差（δ相同）的条件下，装有串联电容器补偿前后的稳定输送功率之比为
$$\frac{P_1}{P_2}=\frac{X_L}{X_L-X_C}=\frac{1}{1-K}$$

式中，$K=X_C/X_L$，为补偿度，一般在 25%～60%取值。例如，在 500 kV 阳城电厂送出输变电工程中，补偿度确定为 40%，由此可以算出每条输出线路装有串联电容器补偿前后的稳定输送功率之比为 1.67 倍。因此，采用串联电容器补偿可以大幅度地减低线路电抗，提高电力系统的运行稳定性，这也是提高远距离输电线路的输送能力的一种有效措施。

(2) 串联电容器补偿装置的电气接线。由串联电容器及相关设备组成的装置称为串联电容器补偿装置。串联电容器补偿装置的电气接线不仅与电网结构及其使用目的有关，而且与该装置采用的过电压保护方案以及系统发生故障被切除后要求装置重投的时间有关。根据使用的目的不同，串联电容器补偿装置的型式有常规固定式串补、有控制的串补和晶闸管控制串补。由于功能不同，串联电容器补偿装置的元件和接线也不同。对于固定式串补按照过电压保护方案和故障切除后要求串联补偿重投的时间，其电气线接一般有以下形式：

① 单间隙串联补偿接线。

② 双间隙串联补偿接线。

③ 非线性电阻串联补偿接线。

④ 非线性电阻并带触发间隙的串联补偿接线。

非线性电阻带触发间隙的串联补偿接线是 500 kV 阳城电厂送出的输变电工程中三堡开关站串联补偿装置所采用的电气接线，也是目前国际上对系统稳定性要求较高的电网中普遍采用的串联补偿接线。

(3) 串联补偿装置的主要设备。

① 电容器组。电容器组是串联补偿装置的主要设备，每相电容器组由 320 台内设熔断器的电容器单元组成，电容器为油浸全膜电容器，其绝缘膜耐电强度为 300 V/μm，实际设计的电场强度为 170 V/μm。其技术性能及参数对串补装置的运行起关键作用，主要技术参数及有关性能为：

每相电容器组容抗：29.92 Ω。

每相电容器组电容量：106.4 μF。

每相电容器组额定电压：70.6 kV。
每相电容器组额定电流：2 360 A。
三相电容器组额定容量：500 Mvar。
设计补偿度：40%。
三相电容器组总损耗：75 kW。
电容器组过负荷能力：3 540 A（1.5I_N）、10 min；3 186 A（1.35I_N）、30 min；2 596 A（1.1I_N）、8 h。
系统振荡时流过电容器组最大摆动电流：3339 A。

电容器组的保护水平取 2.3 p.u.。根据 IEC 143 规定，其对应的基准电压应为 1.414×I_C×X_C×保护水平，代入上述有关参数，便可得出保护电压为 230 kV。该电压为系统发生接地故障时电容器组上可能出现的最高电压。

② 非线性电阻器。

非线性电阻是用金属氧化物（例如氧化锌）制作而成。当带串联电容器补偿装置的线路发生故障时，系统短路电流要流过串联电容器组。当流过的稳态短路电流值为 20 kA 时，电容器组上稳态电压的有效值高达 600 kV。采用非线性电阻带触发间隙的保护方式，既能限制出现在电容器组上的过电压，又能降低需要非线性电阻吸收的能量，节省投资，还能改善系统阻尼次同期振荡的能力。当线路区外故障消失后，由于非线性电阻的作用，实现电容器组自动投入。而发生线路区内故障时，当流过金属氧化物非线性电阻的电流达到动值后的 1 ms（实际时间约 0.7 ms）内触发间隙旁通非线性电阻及电容器组，使故障电流不再流过电容器组和非线性电阻，起到了保护作用。

非线性电阻的基本技术数据为：

额定电压：113 kV。
最大连续运行电压：94 kV。
过电压保护水平：2.3 p.u.（230 kV.峰值）。
配合电流指非线性电阻上出现的电压达到过电压保护水平时流过非线性电阻的电流。工程要求配合电流大于 32 kA，而实际非线性电阻配合电流为 40 kA。
额定能量吸收能力：50 MJ。
压力释放能力：（40+电容器组放电电流）kA。

③ 触发间隙。串联补偿装置所采用的触发间隙都是非自熄灭型的，其本身没有熄弧能力，放电电弧要在旁路断路器合闸或线路断路器分闸后才能熄灭。触发间隙的主要功能是只要满足特定条件，可以迅速击穿放电，以旁路电容器组和非线性电阻，防止非电性电阻过热损坏，同时保护电容器组免受过电压的损害。

④ 旁路断路器。旁路断路器用来投入或退出串联电容器组。当系统发生区内故障时，为保护非线性电阻不致因过负荷而损坏，旁路间隙会在很短的时间内击穿。由于旁路间隙为没有灭弧能力的非自灭弧型间隙，所以只能依靠旁路断路器动作，短路间隙使其灭弧。旁路断路器是并联在串联电容器上的，所以断路器的断口电压只要与电容器组的额定工况相一致即可，一般要求断路器断口的绝缘强度大于保护水平的 10%。对于超高压系统的串联补偿装置而言，断路器的对地工作电压要比断口额定工作电压高出很多。由于旁路断路器只用于投入或退出串联电容器组，并不需要其开断短路电流，所以不要求断路器具有很大的遮断容量。

旁路断路器的最大开断电流也就是输电线路的负荷电流。

旁路断路器主要技术数据为：

  标称电流：2360 A。

  关合电流：40 kA+电容器放电电流。

  热稳定电流：50 kA（3 s）。

  断 El 额定电流：>70.6 kV。

  固有合闸时间：50 ms。

  固有分闸时间：36 ms。

⑤ 阻尼电抗器和阻尼电阻器。

当触发间隙放电导通时或旁路断路器合闸时，电容器组会通过这一闭合回路放电，产生高幅值的高频振荡电流，其振荡频率约为数百赫兹。这一电流对电容器组、旁路断路器和触发间隙都是很不利的。为了限制这一电流，可在放电回路设置阻尼设备。阻尼设备一般由阻尼电抗和阻尼电阻构成。

阻尼电抗器一般是空心电抗器，其导线为低损耗的铝导线。

阻尼电阻器为满足热容量的要求一般由不锈钢制成。

阻尼电阻器通常经过一个小间隙与阻尼电抗器并联，在旁路间隙动作后，故障电流要流过阻尼电路，电容器组的放电电流也要流过阻尼电路。阻尼电路的工作原理是：电容器组放电电流的频率较高，流过阻尼电抗器时产生的电压也较高，该电压使小间隙击穿，将阻尼电阻器接入回路，迅速阻尼电容器的放电电流，减轻了电容器组、触发间隙和旁路断路器的负担。当电容器组放电结束后，仅有工频电流流过时，小间隙熄弧切断阻尼电阻器，使工频电流只流过阻尼电抗器，因而只考虑阻尼电抗器的热稳定问题。

该装置的阻尼电路由 15 mm 小间隙、3 Ω 的阻尼电阻和 0.4 mH 的阻尼电抗组成。电容器组的放电频率理论计算值为 771 Hz，放电振荡波形第二个波峰的电流值已减低为第一个波峰值的 0.37，阻尼电阻一次吸收的能量约为 2.8 MJ。

⑥ 电流互感器。串补装置用的电流互感器分别用于电容器组的不平衡保护、非线性电阻故障保护、平台故障保护，间隙及旁路断路器的启动。按用途的不同，它们被分别安装在电容器、非线性电阻、放电间隙、旁路断路器等设备与平台连接的支路中。这些电流互感器的变比有多种规格，从 20/0.5 A 到 3 000/0.5 A 不等。由于串补设备基本上安装在对地电压为 500/3 kV 的平台上，经电流互感器取得的模拟电流信号必须转换为相应的数字光信号并经光缆传送到地面的串补专用继电器室，再转换成电信号，所以，电流互感器和继电器室都设置了一一对应的光电转换装置。

2.3 灵活交流输电（柔性输电）

2.3.1 灵活交流输电系统定义

灵活交流输电系统（flexible AC transmission system，FACTS）是 20 世纪 80 年代末美国电力研究院（EPRI）的 N. G. Hingorami 博士提出的概念。1995 年，经电力电子学会修正后，定义灵活交流输电系统为"交流输电系统利用大功率电子技术为基础的控制器及其他静止型控制器改善可控性并增加输送功率的容量"。这就是说，在交流输电系统的主要部位，采用具有专门功能或控制功能的电力电子器件和现代自控制装置及其组合体，对交流输电系统的运行参数如电压、相位差、电抗值等，以至网络结构进行控制，从而实现对交流输电系统的输电功率灵活快速控制，以大幅度提高现有高压交流输电线路的输送能力，实现电功率的合理分配，降低功率损耗，提高交流电力系统的稳定运行水平和可靠性，使交流输电系统更加灵活可靠。

交流输电系统输送功率的表述公式为

$$P = (EU/X_\Sigma) \sin\delta$$

从式中可知，若能灵活快速控制改变 E、U、δ 就能大大改善输送能力，达到控制输电网性能的目的。从已经发展了几十年的高压直流输电（HVDC）和静止无功补偿器得到启发，目前的电力电子器件和计算机技术控制应用，使控制输电网成为可能。

2.3.2 FACTS 的关键技术

FACTS 的关键技术是什么?高压直流输电（HVDC）是 FACTS 应用的成功范例，它的广泛应用是得益于近代大功率晶闸管和计算机自动控制技术的发展和完善。HVDC 发展至今已成为一门专门技术，一般论 FACTS 不包括它。照此可知，FACTS 的关键技术依然是电力电子器件和计算机自动控制技术。近年来，电触发晶闸管 ETT 和光触发晶闸管 LTT 在大电流、高电压和可靠性方面飞速发展，电子器件行业又出一批新型电力电子器件，如门极可关断晶闸管（gate turn-off thyristors，GTO）、绝缘门极双极晶体（insulated gate bipolar transistor，IGBT）、静电感应晶闸管和可关断晶闸管等，给 FACTS 的应用提供了更多选择各种组合体器件的余地。计算机自动控制技术的飞速发展，为按电力系统运行需要进行精确、快速调节提供了可靠手段。这就为在电力系统中应用电力电子技术、构成灵活交流输电系统提供了良好的基础。

主要的电力电子器件晶闸管，已经在直流输电章节中介绍过，这里介绍 FACTS 中应用较多的 GTO 和 IGBT。

GTO 晶闸管是 PNPN 四层半导体器件，有阳极、阴极和门极引出。当门极和阴极之间加一个正向电压时，GTO 被触发导通，当外电路能提供足够的电流，触发电压不存在时，阳极和阴极之间仍然导通，至电流过小则自行关断，这与普通晶闸管特性一样。其独特之处是门极与阴极之间加一个负偏置电压形成负流，而且足够大，则阳极和阴极之间的电流可关断。从 GTO 资料看，它需要较大的门极控制电流，所需工作源功率大。其三极管说明图和符号如图 2.2 所示。

IGBT 绝缘门极双极晶体管目前产品功率较小，因此大容量的 FACTS 并不采用它，但功率较小时一般首先采用 IGBT。它的最大优点是门极用电压控制而不用大电流反关闭，门极有电压时，IGBT 导通，无电压时，自行关闭。其开关频率比 GTO 高，因此其控制性能大大优于 GTO，但由于容量小，只属于有希望取代 GTO 的器件。IGBT 结构剖面、等值电路及表示符号如图 2.3 所示。属于电压控制型的器件还有 MOS 控制晶闸管(MOS controlled thyristor)人们称这是更有希望的开关器件。

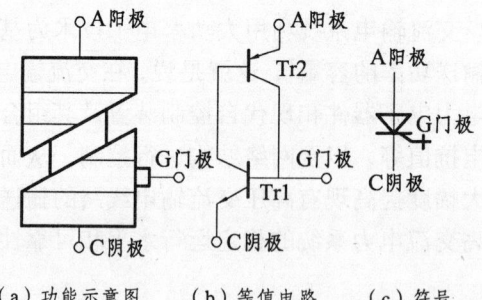

(a) 功能示意图　　(b) 等值电路　　(c) 符号

图 2.2　GTO 晶闸管的三极管说明图和符号

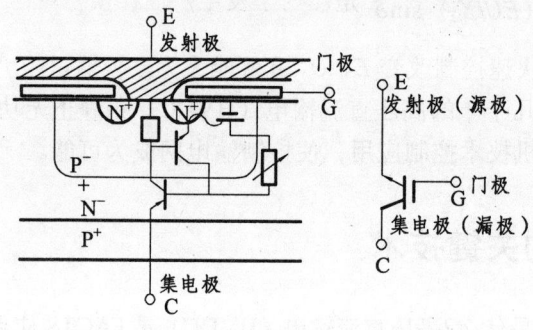

(a) 结构剖面、等值电路　　(b) 表示符号

图 2.3　IGBT 结构剖面、等值电路及表示符号

从已介绍的内容来看，试验室电力电子装置和小容量有源滤波器主要使用 IGBT。应用在 FACTS 的电力电子器件主要是晶闸管，大功率高电压场合用 ETT 或 LTT，小功率较低电压场合用 GTO，其他器件未见用到工业场合。

2.3.3　FACTS 项目的种类

FACTS 作为一项电力系统的新技术，近年来发展十分迅速，为便于读者了解这方面的信息，介绍目前所收集到的 FACTS 种类开列如下。

(1) 静止无功补偿器（staic var compensator，SVC）。

(2) 静止调相器（staic condenser，STATCON）。

(3) 可控串联电容补偿器（thyristor—controlled series compensation，TCSC）。

(4) 综合潮流控制器（unified power flow controller，UPFC）。

(5) 串联潮流控制器（series power flow controller，SPFC）。

(6) 可控移相器（thyristor—controlled phase angle regulator，TCPR）。

(7) 变压器抽头有载可控调节器（thyristor controlled changer，TCTC）。

(8) 可控制动电阻器（thyristor—controlled braking resistor，TCBR）。

(9) 可控并联电容器（thyristor—switched shunt capacitor，TSC）。

(10) 可控串联电抗器（thyristo—controlled series reactor，TCR）。

(11) 次同步振荡阻尼器（subsynchronons resonnans damper，SRR Damper）。

(12) 可控铁磁谐振阻尼器（thyristor—controlled feFro—resonance damper，TCFRD）。

(13) 固态断路器 (solid—state circuit breaker, SSCB)。
(14) 故障电流限制器 (fault current limiter, FCL)。
(15) 动态过电压限制器 (dynamic voltage limiter, DVL)。
(16) 动态电压恢复器 (dynamic voltage restorer, DVR)。
(17) 有源电力滤波器 (active power filter, APF)。
(18) 超导蓄能器 (superconducting magnetic energy storage, SMES)。
(19) 电池蓄能器 (battery energy storage system, BESS)。

随着电力电子科技人员的努力，还会有更多的 FACTS 应用产生，这些应用可分为三个范围：其一是应用于输电方面；其二是应用于发电厂而作用于输电的，如励磁技术等；其三是应用于配电网而作用于输电的，如蓄能器等。

2.4 常见的 FACTS 基本原理及应用

2.4.1 静止无功补偿器（SVC）

静止无功补偿器是输电网中应用较多的可控制的无功补偿设备，完全采用静止元件组成。但它的无功补偿是动态的，可根据电网无功功率和电压变化按预先设定的程序进行自动跟踪补偿。利用晶闸管可控的特性，可以根据需要进行快速的无功功率和电压的调节。一般的静止无功补偿器是由以下三部分组成，如图 2.4 所示。

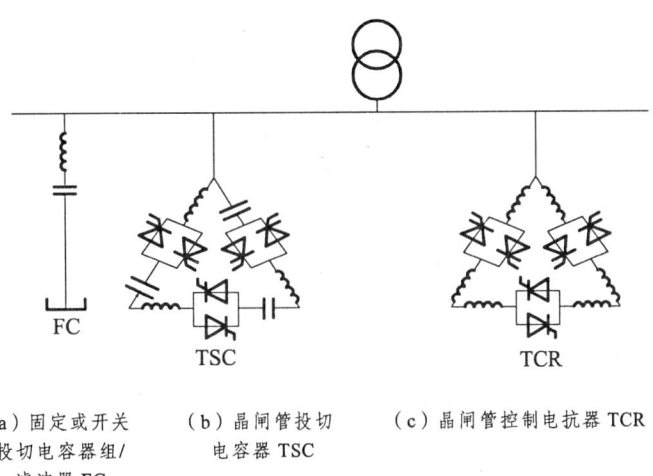

(a) 固定或开关　　(b) 晶闸管投切　　(c) 晶闸管控制电抗器 TCR
投切电容器组/　　电容器 TSC
滤波器 FC

图 2.4　静止无功补偿器（SVC）主电路图

(1) 电容补偿器或称固定电容补偿 (FC)，如图 2.4 (a) 所示，它是由固定电容和串联电抗组成的。固定电容器是按基本无功平衡选择其容量，而其串联的电抗器一方面是限制电容器投入时的涌流，另一方面和电容器组成谐波滤波器，常见的是 3、5、7 次或高通滤波器，也有专门设置谐波滤波器。

(2) 晶闸管投切电容器 (TSC)，如图 2.4 (b) 所示，由电工原理可知，在超前电压过零点的电容器中电流为零,此时投切电容器均无过渡暂态过程存在,也就是说没有电流和电压的冲击。TSC 控制器根据预先设定的程序,在电网需要或不需要容性无功功率时进行相应的控制,在超前于加入路的电压 90°时进行投切电容器。

(3) 晶闸管控制电抗器 (TCR),如图 2.4 (c) 所示,TCR 控制器接受电网的信息,按预先设定的控制程序,对晶闸管触发角从 90°~180°进行连续调整,于是电抗器的电流自然可以从额定值到 0 连续可调,以满足不同的感性无功功率的需求。$\alpha=90°$时电抗电流最大,为额定值,当 $\alpha=180°$时电抗电流最小,其值为零。值得注意的是 TCR 调节过程中会产生谐波电流,由 FC 吸收。

由 SVC 的组成可得知其具有的功能有:
① 快速进行动态无功功率的调节,可提高电力系统输送功率的稳定性。
② 可抑制由于负荷、发电机、输电线路起停以及短路造成的系统振荡。
③ 可抑制由于高压线路投切造成的系统稳态过电压,维持电压水平。
④ 通过控制无功功率减少线损。
⑤ 稳定母线电压,抑制电压闪变。
⑥ 当出现暂态稳定摇摆时,增大系统阻尼,维持系统同步。

2.4.2 可控串联电容补偿器 (TCSC)

可控串联电容补偿器是灵活交流输电系统中和静止无功补偿器具有较多应用经验的主要项目,已取得相当大的技术进展。常规串联电容补偿器是根据预先设计好的串联电容器容量,构成一定的补偿度运行,以减少输电系统的联系阻抗提高输送能力。此时线路的联系阻抗为 X_L-X_C,当补偿电容短接退出运行,线路的联系阻抗为 X_L。而可控串联电容补偿器通过控制晶闸管改变并联的电抗电流值,从而达到可控制串联补偿度的目的。TCSC 单线连接示意图如图 2.5 所示。

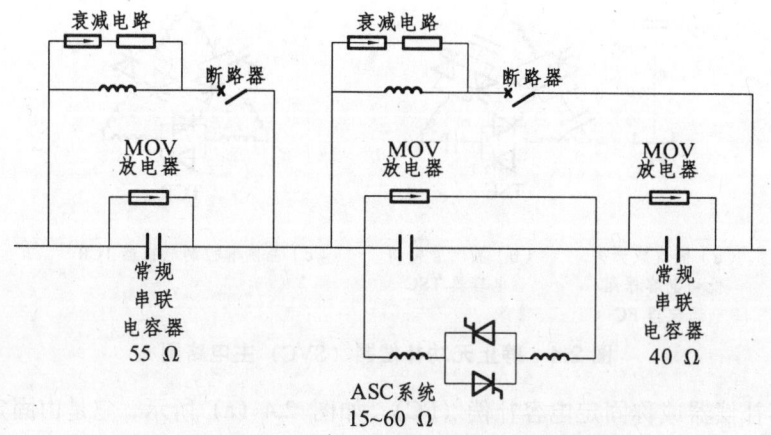

图 2.5 可控串联电容补偿器 TCSC 实际工程单线图

图 2.5 为一个实际工程例子(美国亚利桑那州 Arizona 东北部的 KAyenta 230 kV 变电站的 TCSC),对其固定串联补偿部分这里不作介绍。其可控串联补偿为一组电容器容抗为 15 Ω,

并联可控电抗额定电感为 3.4 mH，它与可控晶闸管串联，按需要调整晶闸管触发角，可改变电抗器中电流值，从而改变 TCSC 总阻抗值，达到串补的补偿度可控。图 2.6 所示为此实际工程例子 TCSC 的阻抗特性。

1. 阻抗特性是由三种运行模式决定

（1）等待模式。为图 2.6 的右端曲线侧，此时可控硅的触发角为接近 180°，即全关断，电抗器不流通电流，TCSC 阻抗为电容性 15 Ω。

（2）可控硅全接入电抗器模式。为图 2.6 的左端曲线侧，此时可控硅的触发角为 90°，即全导通，电抗器全部接入与电容器并联，使 TCSC 总阻抗为电感性 3.1 Ω。

（3）TCSC 阻抗可控模式。触发角为 145°～180°，这时如图 2.6 所示，呈容抗在 15 Ω（180°）和 60 Ω（大于 145°）之间变化；同理，若触发角在 145°～90°之间，这时如图 2.6 所示，呈感抗在 3.1 Ω（90°）和 60 Ω（小于 145°）之间变化。

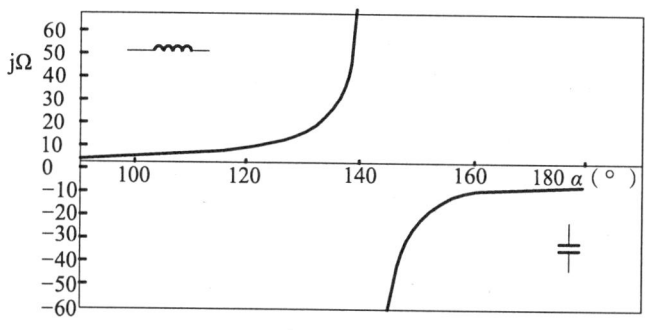

图 2.6 TCSC 可控阻抗特性

相对应这三种运行模式，TCSC 的控制模式也主要有三种：一是开环阻抗控制方式，按系统需要给定选择的阻抗值，TCSC 控制晶闸管的触发角，使等值阻抗符合实际需要值。二是电流控制方式，按实际输电线路的电流和给定电流值的偏差，对 TCSC 等值阻抗进行调节，达到一定范围内稳定输电线路的电流。三是电感控制方式，即使可控硅永久导通，使 TCSC 呈感抗运行。

从图 2.6 可看出，TCSC 的运行是由调整可控晶闸管的触发角来实现的，最右端和最左端分别为纯容抗和纯感抗运行，属不可控模式。在电感区域运行时，一般作用于降低短路电流和抑制动态过电压。稳态运行时，主要是控制系统潮流，用于分配负荷，提高输送能力。特别要注意的是，图 2.6 的两组曲线中间位置是触发角使串联电容的容抗与电感的调节值在工频共振，这时不允许运行，控制调节器应在硬件上设有不进入共振区的设施，而且应采取措施防止由于干扰或谐波影响控制调节器误入共振区。

2. 控制功能

为使 TCSC 控制调节方式满足稳态和动态的阻抗变化控制，控制方式应有以下功能：

（1）串联阻抗连续调节控制。

（2）串联阻抗调制（modulation）——阻尼功率振荡的控制。

（3）输电电流调节控制。

（4）缓解次同步谐振（SSR）。

（5）串联电容的过电流和过电压保护。

应用可控串联电容补偿器的工程，除了调节方式研究之外，还应进行次同步谐振的研究，并提供缓解方法。常规串联电容补偿系统，有可能会产生一已知调谐的电感、电容组合，它的自然振荡频率 f_r 低于工频频率 f_0，若系统在 f_r 具有很小的阻尼，在扰动条件下产生振荡，此振荡电流在发电机转子上感应的差频，再经轴系的扭转振动，如果在发电机定子上产生差频与系统次同步频率 f_r 一致，将会产生严重的系统事故。对于可控串补系统由前所述，控制调整与可控硅串联的电感，若在可控运行时，工频下 TCSC 呈容性，则在次同步振荡频率 f_r 条件下，TCSC 呈感性阻抗，对次同步振荡呈现强阻尼作用。为进一步优化对次同步振荡的抑制作用，调节器可设置检测次同步振荡的电流或电压，使 TCSC 建立抑制次同步振荡所希望的电抗值。工程实践证明，TCSC 是有效的不会产生纯电容串补（或成组投切控制的串补）引起的次同步振荡。

2.4.3 有源电力滤波器（APF）

电力系统常用的谐波滤波器，是由电容、电感组合而成的调谐滤波器，这种滤波器称为无源滤波器，对固定频率的谐波电流起滤波作用。无源电力滤波器基于用调谐原理组成滤波器，当系统存在高于或低于调谐频率的谐波电流时，滤波器呈感性或容性，有可能与系统其他电路产生谐振造成滤波器不能投运或构成事故。

有源滤波器较早应用于控制系统和数字处理、数据通信中，又称数字滤波器。电力系统应用有源滤波器较晚。这是因为电力应用电压从几百伏到几十万伏，要滤过的电流大，可能达到数百或数千安培，当时的技术条件还不适合电子系统应用有源滤波器。电力电子元器件发展至今已可以满足电力系统的应用要求。

现在介绍有源电力滤波器基本原理，如图 2.7 所示。

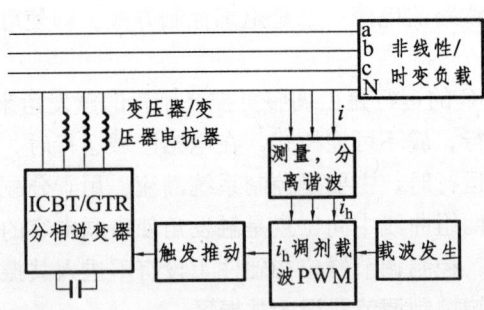

图 2.7 电力系统有源电力滤波器结构图

有源电力滤波器主要是由一个逆变器组成，逆变器产生与电力系统相同的谐波电流，为谐波电流建立一个新通道，使之不流入系统或电源，达到滤波目的。换而言之，非线性/时变负荷所需谐波电流由逆变器提供，电源则只提供工频电流。

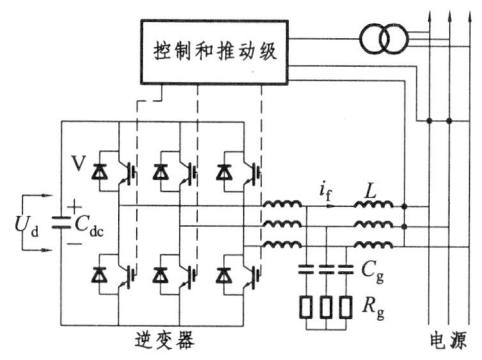

图 2.8 概念性的 IGBT 逆变型有源电力滤波器　　图 2.9 负荷电流、有源滤波器电流、电源电流

C_{dc}—直流电容；L—电抗器；C_S—缓冲电容器；R_S—电阻；
V—快恢复二级管；U_d—直流电压；T_{A1}—负载电流互感器

APF 具体原理用图 2.8 和图 2.9 来解释。

APF 的主体是一个逆变器，一个维持充电的电容器 C_{dc}。作为直流侧，具有直流电压 U_d，这个电压由逆变器从系统取得。逆变器是一个脉宽调制的电压型逆变器，它的调节策略是按系统产生的谐波电流而产生逆变器的输出电流，也称为滤波器电流。

如果滤波器电流能满足图 2.9 的要求，则说明由电源提供给负荷的电流仅为正弦波，谐波电流全部由滤波器提供，起到滤波目的。

这仅仅是一个概念性的描述，其困难主要是三相控制调节逆变器完成各相调节，满足各相谐波电流与负荷各相谐波电流一致十分困难。因此现有的有源电力滤波器采用三相各自独立的逆变器，图 2.10 所示 12 只 IGBT 元件构成的 3 个单相有源滤波器是一个典型例子。

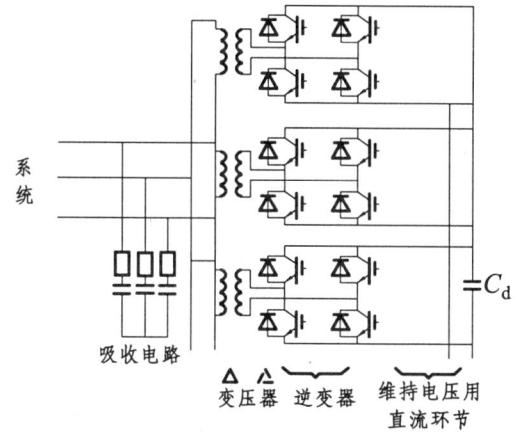

图 2.10　用 12 只 IGBT 元件构成的 3 个单相有源滤波器

变压器高压侧（网侧）接成三角形。变压器二次侧是三个单独的绕组，分别接到三个单相逆变变压器，由一个共用的电压电源电容器提供直流电源，级成三相各自独立的逆变器，产生各相独立的谐波电流。

2.4.4　静止无功功率发生器（SVG）

静止无功功率发生器先将系统电压整流成直流并保存在一组直流电容器内，经过一组逆变器将直流变换成交流电压，经变压器与系统相连。如果逆变电压低于系统电压，它将消耗无功功率；如果逆变电压高于系统电压，它将向系统提供无功功率。这种装置人们称为静止同步调相器（STATCON）或称静止同步补偿器，我国习惯用称为静止无功功率发生器（SVG），其主电路如图2.11所示。

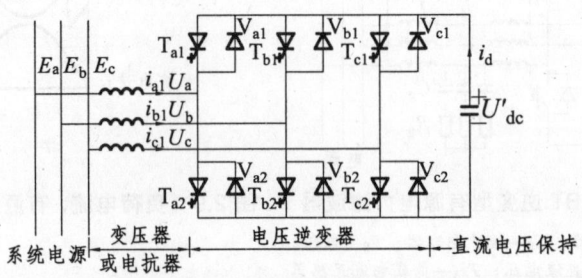

图2.11 静止无功发生器主电路

目前SVG的可控开关元件大多数是采用GTO，GTO的门极受控于无功功率发生器的控制器。用一个最简单的方法来说明静止无功发生器的工况，若图2.11中U_a和E_a、U_b和E_b、U_c和E_c各个同相位，且系统电压大于SVG端电压的基波分量，即$E_a>U_a$，$E_b>U_b$，$E_c>U_c$，从系统侧看，发生器相当于可调电感器；相反，如果系统电压小于SVG端电压的基波分量，从系统侧看，发生器相当于类似电容器。为说明SVG工作原理，参看SVG原理及波形如图2.12所示。图2.12（b）波形十分清楚地表明，当电网电压等于SVG输出电压时，静止无功功率发生器无负荷输出；当电网电压小于SVG输出电压时，静止无功功率发生器以电容方式运行；当电网电压大于SVG输出电压时，静止无功功率发生器以电抗方式运行。

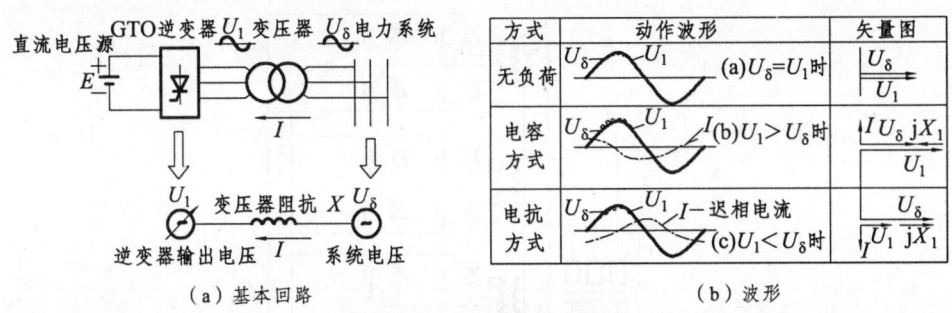

图2.12 SVG原理及波形图

由上述介绍可知，SVG由三相逆变器构成，并由一并联电容器上的电压进行激发驱动，其输出的三相交流电压与所接电网的三相电压同步。连接变压器通过的电流取决于两侧电压的幅值，当逆变器输出电压大于系统侧电压时，为电容方式运行；反之，为电感方式运行。也就是说，可方便地调节输出电流而不受系统电压影响。SVG具有很强的无功、电压控制能力，尤其是在系统故障时，可提供更大的无功支持。而静补SVG控制的是蓄能元件电容、电感，它的输出和电压的平方成正比，因此不具备SVG的优点。

为使SVG能达到工程应用的要求，一般采取以下措施：

（1）逆变器可控元件GTO或IGBT采用串联和并联方式，提高输出电压和电流。

（2）用几组逆变器串联，若干个逆变器相位差的方波，用变压器将不同相位输出的方波串联，使输出接近正弦波，减少谐波分量。

（3）制调节采用脉冲宽度调节技术（PWM）以减少谐波分量。

（4）调节控制器应具有，稳态按要求调节电压和无功功率输出，动态按要求调节无功输出，提高稳定极限和抑制振荡。

由于有以上所述 SVG 的优点，随着电力电子元器件的发展，在未来十年内，静止无功功率发生器（SVG）或 STATCOM，将成为动态调节无功和电压的重要手段，它在交流输电系统和配电网中具有广阔的应用前景。

2.4.5 可控移相器（TCPR）和综合潮流控制器（UPFC）

我们知道改变输电系统两端的电压的相角可以改变输送功率的大小，从以下表达式可清楚地表明，即

$$P = \frac{U_1 U_2}{X} \sin\delta ; \quad Q = (U_2 / X)(U_1 \cos\delta - U_2)$$

1. 可控移相器（TCPR）

相角调整装置或称功率控制器，已有的技术是在输电线路中串联一个横向补偿电压，从而改变线路两端电压的相位，实现改变输送功率的目的。图 2.13 介绍采用分接头机械调节的，横向调压变压器的原理接线图及相量图。调压变压器由电源变压器及串联变压器组成，串联变压器二次绕组串接在输电线路中，它的一次绕组是电源变压器二次侧，输出电压的相位与输电线路相电压成 90°，输出电压幅值可调，如图 2.13（a）所示。从图 2.13（b）相量图可知，调整 ΔU_A 即可改变输电线路相电压的相位。

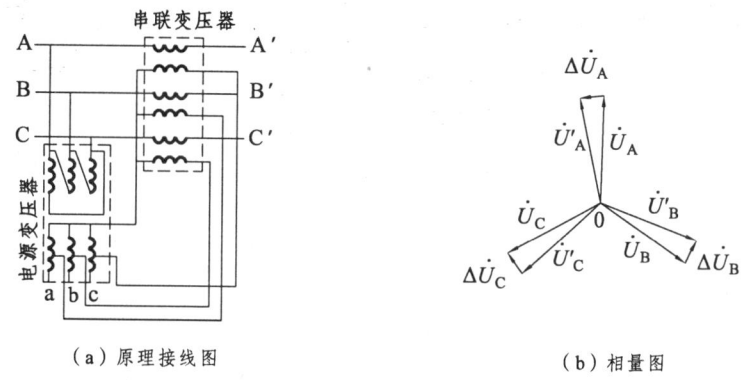

（a）原理接线图　　　　　　　（b）相量图

图 2.13　横向调压变压器

静止式可控移相器与常规横向调压变压器改变输电线路相位角的原理相同，差别在于其电压调节是基于电力电子器件的应用，达到快速调节电压幅值和相位（毫秒级），这对于阻尼振荡、增加系统暂态稳定度（第一个摇摆）将会发挥重要作用，原理接线如图 2.14 所示。

TCPR 具有如下功能：快速改变输电线路电压的相位进行稳态或动态潮流控制；利用晶闸管快速可控，迅速按需要进行相角调节提高系统暂态稳定性。它可应用于系统事故后的稳定运行控制处理，在美国已有工程应用的考虑。

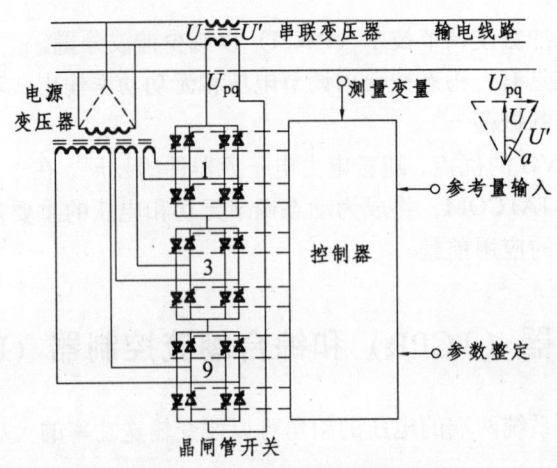

图 2.14 TCRP 原理接线图

2. 综合潮流控制器（UPFC）

通过上述灵活交流输电系统的应用例子介绍，人们设想，如何用一组设备，使之兼有串联电容补偿、无功发生器和移相器的作用。这就出现了综合潮流控制器的设计，综合潮流控制器的构成和相量图如图 2.15 所示。这个图仅仅是原理解释用的示意图，工程应用要复杂得多。

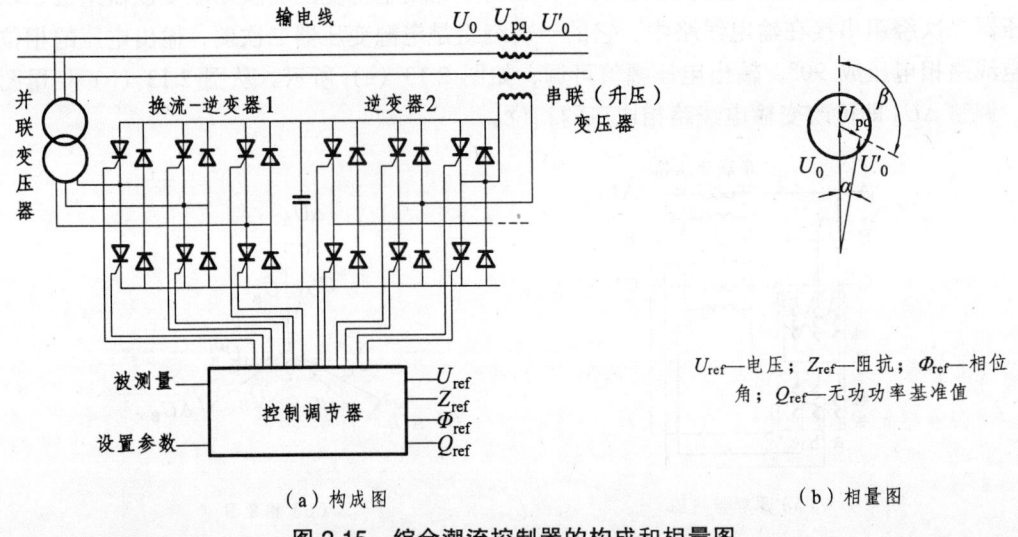

（a）构成图　　　　　　　　　　　　　　（b）相量图

图 2.15 综合潮流控制器的构成和相量图

UPFC 的输出通过图 2.15（a）右侧中逆变器 2 向串联变压器提供一个与系统频率相同、幅值和相角是可调的正弦波电压，逆变器 2 的输入来自直流电容器上的电压，而这个电压由换流—逆变器 1 来维持。这个输出电压作用于潮流控制，其结果与前面的装置功能相似。图 2.15（a）左侧换流—逆变器 1 和直流电容器、控制调节器以及作为电源用的并联变压器组成一个典型的静止无功功率发生器 SVG。图 2.15（a）串联变压器输出电压 U_{pq} 作用于补偿电压，$U'_0 = U_0 + U_{pq}$，其相量图如图 2.15（b）所示。显然，当 U_0、U_{pq} 之间相位角 β 从 0°向 360°变化时，可以得到不同需要的输出。

当 $\beta = \pm 90°$ 时，改变 U_{pq} 可以得到 U_0'；相位改变，而与 U_0 相比幅值变化甚小。

当 $\beta = 0°$ 时，改变 U_{pq} 可以得到 u；幅值变化，相当于纯串联电容补偿功能。

当 $\beta = 180°$ 时，改变 U_{pq} 可以得到 U_0' 幅值变化，相当于纯串联电感功能。

当 $270° < \beta < 90°$ 时，改变 U_{pq} 可以得到 U_0' 幅值和相位变化，可改变输电线路电压相位和补偿提升电压。

当 $270° < \beta < 90°$ 时，改变 U_{pq} 可以得到 U_0' 幅值和相位变化，可改变输电线路电压相位和降低电压幅值。

因此 UPFC 可以起到提供无功功率和调节电压相位与电压幅值、调节输电潮流、提高系统稳态和暂态稳定运行、抑制电压闪变的作用。

思 考 题

2.1 高压电气主接线的基本形式有哪些？并掌握各主要电气设备的作用。

2.2 简述 500 kV 的变电站及应用情况。

2.3 简述灵活交流输电系统定义与应用情况。

2.4 简述静止无功补偿器（SVG）的原理。

2.5 简述可控串联电容补偿器、有源电力滤波器（APF）等常见的 FACTS 基本原理及应用。

第 3 章 高压直流输电

3.1 概 述

3.1.1 国外的发展概况

从 1954 年世界上第一条工业性直流输电线路投入运行以来，高压直流输电已有 50 多年的运用历史。50 多年来，世界各国已先后投入了 50 多个直流输电工程，总的输送容量达到 5 000 万 kW 左右，其发展概况如图 3.1 所示。

连同 1954 年以前的直流工程，可以把直流输电的发展大致分为如下三个阶段：

1. 1954 年以前——试验性阶段（初始阶段）

1）特点

（1）直流输电工程的参数比较低。输电电压为几十千伏（个别达到 200 kV），输送容量为几个兆瓦到几十个兆瓦，输送距离为几十千米到一百多千米。

（2）换流装置几乎都是采用低参数的汞弧阀。

（3）发展速度较慢。其主要原因是：

① 50 年代初期交流系统出现超高压输电，处于发展的黄金时代；

② 直流设备制造水平的限制及运行水平低，并且可靠性也差。

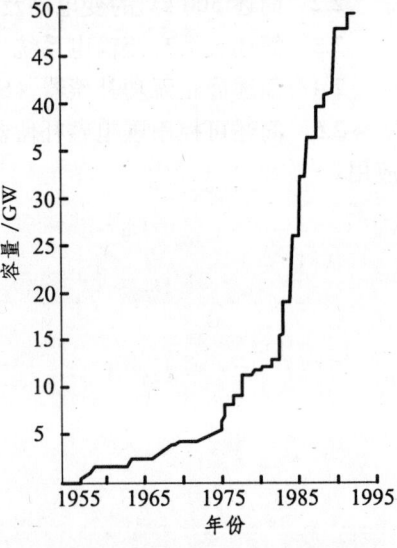

图 3.1 直流输电的发展概况

2）这一阶段的代表性工程

（1）德国的爱尔巴—柏林工程（1945 年）。其主要参数为：电压 ±220 kV，输送容量 60 MW，输送距离 115 km（电缆），采用汞弧阀。

（2）瑞典的脱罗里赫坦—密里路特工程（1945 年）。其主要参数为：电压 ±45 kV，输送容量 6.5 MW，架空线路长度 50 km，采用汞弧阀。

（3）苏联的卡希拉—莫斯科工程（1950 年）。其主要参数为：电压 ±200 kV、输送容量 30 MW、输送距离 112 km（电缆），采用汞弧阀（现已改为晶闸管阀）。

2. 1954 年至 1972 年——发展阶段

1954 年由瑞典本土通过海底电缆向戈特兰岛送电，是世界上第一条工业性直流输电线

路。从此,直流输电进入了发展阶段,这一阶段直流输电工程的主要特点是:

(1) 直流输电设备的制造技术、施工质量、运行水平都有了很大的提高,使直流输电进入了工业实用阶段。

(2) 采用直流输电具有多方面的目的:

① 水下输电,如瑞典本土——戈特兰工程(1954 年),其电缆长度为 96 km,电压 100/150 kV,输送容量为 20/30 MW。

② 两个额定频率不同的交流系统互联,如日本的佐 KI—T-N(1965 年),把 50 Hz 和 60 Hz 的两个不同频率的交流系统连接起来。

③ 远距离、大功率输电,如美国的太平洋联络线工程(1970 年),其架空线路长度达 1 362 km、电压 ±400 kV,输送容量为 1440 MW。

(3) 换流装置仍采用汞弧阀,但参数有很大的提高,而且质量也有很大的改善。

3. 1972 年到现在 ——大力发展阶段

1972 年,加拿大的伊尔河直流输电工程首次采用晶闸管阀(可控硅阀),由于晶闸管阀较汞弧阀具有一系列优点,从此直流输电进入了大力发展阶段。

这一阶段的主要特点是:

(1) 新建设的直流工程几乎全部采用晶闸管阀,且一些早期的直流工程也改用晶闸管阀。

(2) 这一阶段建设的直流输电工程几乎全是超高压工程,如美国太平洋联络线扩建工程,其电压为 ±500 kV;CU 工程的电压为 ±400 kV;莫桑比克——南非的卡布拉巴萨工程,其电压为 ±533 kV 等。

(3) 单回线路的输电能力比前阶段有了很大提高。

(4) 发展速度很快,且规模越来越大,如 1954 年至 1970 年,17 年间共建成 9 个直流工程,平均 0.5 个/年;而 1971 年至 1984 年,14 年间共建成 16 个工程,平均为 1 个/年。其中巴西——巴拉圭的伊泰普工程,电压为 ±600 kV,输送容量 3 150 MW,共两回,输送距离分别为 783 km 和 806 km。

3.1.2 我国高压直流输电的发展情况

20 世纪 50 年代,我国关于直流输电技术的研究工作就开始起步,但发展缓慢,而且从设计、运行、制造等方面来看,与世界先进水平还有相当大的差距。浙江舟山直流输电工程是我国第一个直流输电试点工程,工程兴建的目的是为了解决舟山电力发展的需要,同时也为发展我国的直流输电技术进行探索、积累经验。其输电参数为:±100 kV、100 MW、55 km(其中水下电缆 12 km)。整个工程全部由我国自行设计、制造、施工、调试和运行。

葛州坝——上海南桥直流输电工程是我国第一个跨地区、跨系统的超高压、远距离直流输电工程。

其输电参数为:额定电压 ±500 kV、输送容量 1 200 MW、输送距离 1 047 km。从参数可看出,该工程已达到国际水平,其接线图如图 3.2 所示。

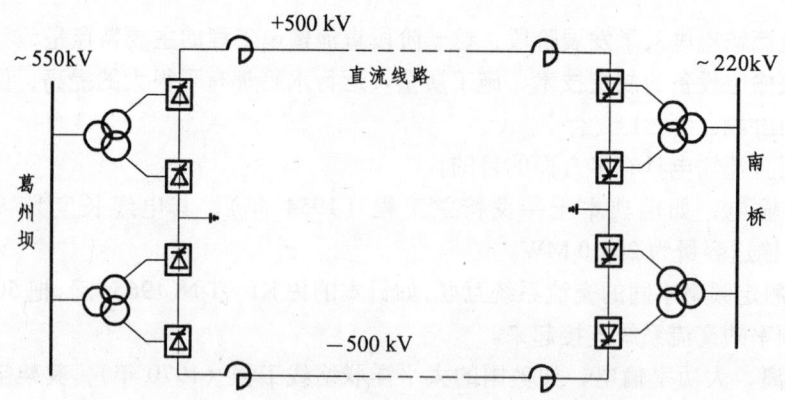

图 3.2 葛州坝—上海南桥直流输电工程接线图

20 世纪 80 年代之后,由于我国动力能源 70%以上分布在西南、西北、山西和内蒙一带,而用电较为密集的负荷中心为沿海地区,"十五"计划提出,电力资源开发是西部大开发的主要内容,将西部电力远距离输送到沿海经济发达地区,可实现大区交流电力系统联网,缓解沿海地区可用电量不足的问题。因此,为充分发挥直流输电的优点,取得输送负荷和联网效益,我国大批量建设了直流输电工程,见表 3.1。

表 3.1 我国已建和在建的高压直流输电工程

工程名称	送电距离/km	额定电压/kV	额定容量/MW
葛洲坝—上海南桥	1 044.5	±500	1 200
天生桥—广州	963	±500	1 800
宜昌龙泉—江苏政平	890	±500	3 000
湖北荆洲—广东惠洲	975	±500	3 000
贵州—广东肇庆	980	±500	3 000
灵宝(西北—华中)	背靠背	单极 120	360
上海—嵊泗(海岛)	63.2	±50	60

从表 3.1 中看出,直流输电将输送 12 000 MW 西部电力到华东和广东地区(西电东送),并实现云、贵、川、西北、华中、华东电力联网。根据我国国情,"十一五"高压输电工程还将在西北和华北实现联网,并向周边国家(如俄罗斯、东南亚)送电力。在风力、潮汐发电,向沿海岛屿送电等方面,直流输电的前景也十分可观。

3.1.3 直流输电的优缺点

1. 优 点

根据高压直流输电的特点,在相同条件下与高压交流输电比较时,直流输电具有如下优点:
(1) 输送相同功率时,线路造价低。
对于架空线路,交流输电通常采用 3 根导线,而直流只需 1 根(单极)或 2 根(双极)

导线。因此，在输送相同功率的条件下，直流输电可节省大量的有色金属、钢材、绝缘子和线路金具，同时也可减少大量的运输、安装费。另外，直流输电在线路走廊、铁塔高度、占地面积等方面，也比交流输电优越。

对于电缆线路，直流电缆与交流电缆相比，其投资费和运行费都更为经济，这就是越来越多的大城市供电采用地下直流电缆的原因。

(2) 线路有功损耗小。

由于直流架空线路仅使用 1 根或 2 根导线，所以在导线上的有功损耗较小。同时，由于直流线路没有感抗和容抗，在线路上也就没有无功损耗。另外，由于直流架空线路具有"空间电荷"效应，其电晕损耗和无线电干扰均比交流架空线路要小。这样，直流架空线路不仅在投资上，而且在年运行费上也比交流架空线路经济。

(3) 适宜于海下输电。

海下输电必须采用电缆，这是显而易见的。电缆的绝缘在直流电压和交流电压作用下的电位分布、电场强度和击穿强度都不相同。以同样截面面积的油浸纸绝缘电缆为例，用于直流时的允许工作电压比在交流下约高 3 倍。因此，在有色金属和绝缘材料相同的条件下，2 根芯线的直流电缆线路输送的功率 P_d 比 3 根芯线的交流电缆线路输送的功率 P_a 大得多。所以海下输电采用直流电缆在投资上比采用交流电缆经济得多。

运行中，电缆用于交流时，除了芯线的电阻损耗外，还有绝缘中的介质损耗以及铅包和铠装中的磁感应损耗等。用于直流时，则基本上只有芯线的电阻损耗，而且绝缘的老化也慢得多，使用寿命相应也较长。因此，直流电缆线路的年运行费要比相应的交流电缆低。

(4) 没有系统的稳定问题。

在交流输电系统中，所有连接在电力系统中的同步发电机必须保持同步运行。所谓"系统稳定"，就是指在系统受到扰动后所有互联的同步发电机具有保持同步运行的能力。由于交流系统具有电抗，输送的功率有一定的极限，当系统受到某种扰动时，有可能使线路上的输送功率超过它的极限。这时送端的发电机和受端的发电机可能失去同步而造成系统的解列。

电力系统中输送的功率为

$$P = \frac{E_1 E_2}{X} \sin \delta_{12} = P_M \sin \delta_{12}$$

式中，E_1、E_2——交流系统送端和受端的电势；

X——表示输电线路、发电机、变压器的电抗；

δ_{12}——E_1 和 E_2 两电势的相角差；

P_M——静态稳定极限。

从式中可以看出，线路越长，X 越大，静稳定极限也越小，所以超高压长距离交流输电就受到很大的限制。

如果采用直流线路连接两个交流系统，由于直流线路没有电抗，所以就不存在上述的稳定问题，也就是说直流输电不受输电距离的限制。另外，由于直流输电与系统频率、系统相位差无关，所以直流线路可以连接两个频率不相同的交流系统。

(5) 能限制系统的短路电流。

用交流输电线路连接两个交流系统时，由于系统容量增加，将使短路电流增大，有可能超过原有断路器的遮断容量,这就要求更换大量设备,增加大量的投资。而用直流输电线路连接两个交流系统时,就不存在上述问题,这对于交流系统的互联具有极大的实用价值。

(6) 调节速度快,运行可靠。

直流输电通过晶闸管换流器能够方便、快速地调节有功功率和实现潮流翻转。这在正常运行时能保证稳定地输出功率;在事故情况下,可通过正常的交流系统一侧由直流线路对另一侧事故系统进行紧急支援;或者在交、直流线路并联运行时,当交流系统发生短路,可暂时增大直流输送的功率以减小发电机转子加速,从而提高系统运行的可靠性。

(7) 每个极可以作为一个独立回路运行。

当一极发生故障时,健全极仍可以送一部分功率,提高运行的可靠性;而且换流器也可以分段扩建,所以便于分期投资和建设。

随着直流设备制造技术的不断提高,运行经验的不断积累,直流输电的可靠性也将不断地提高。

2. 缺 点

(1) 换流站的设备较昂贵。

由于换流桥是由许多晶闸管元件串并联而成,而目前高压、大电流的晶闸管元件价格较高;另外,滤波器、平波电抗器等直流设备也较昂贵。总之,与交流变电站相比,直流换流站的建设费用要高得多。

(2) 换流装置要消耗大量的无功功率。

(3) 换流装置是一个谐波源,在运行中要产生谐波,影响系统的运行,所以需在直流系统的交流侧和直流侧分别装设交流滤波器和直流滤波器,从而使直流输电的投资增大。

(4) 换流装置几乎没有过载能力,所以对直流系统的运行不利。

(5) 由于目前高压直流断路器还处于研制阶段,所以阻碍了多端直流系统的发展。

(6) 以大地作为回路的直流系统,运行时会对沿途的金属构件和管道有腐蚀作用;以海水作为回路时,会对航海导航仪表产生影响。

3.1.4 交流输电与直流输电比较的等价距离

(1) 根据以上优缺点,直流输电适用于以下场合:

① 远距离大功率输电。

② 海底电缆送电。

③ 不同频率或同频率非周期运行的交流系统之间的联络。

④ 用地下电缆向大城市供电。

⑤ 交流系统互联或配电网增容时,作为限制短路电流的措施之一。

⑥ 配合新能源的输电。

(2) 在输送功率相同和可靠性指标相当的可比条件下,直流输电与交流输电相比,虽然换流站的投资比变电站的投资要高,但是直流输电线路的投资比交流输电线路的投资要低。如果当输电距离增加到一定值时,采用直流输电其线路所节省的费用,刚好可以抵偿换流站所增加的费用（即交、直流输电的线路和两端设备的总费用相等），这个距离就称为交、直流输电比较的等价距离（break even distance），如图 3.3 所示。

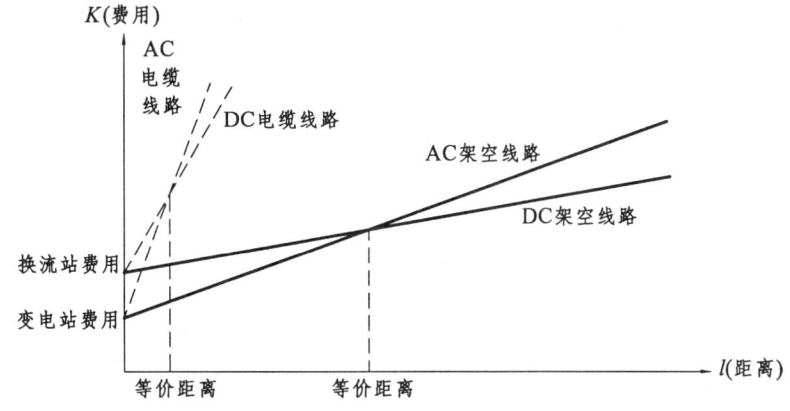

图 3.3 交直流输电比较的等价距离

通常情况下，当输电距离大于等价距离时，采用直流输电比采用交流输电经济；反之则采用交流输电比较经济。目前国际上架空线路的等价距离约为 500~700 km；电缆线路约为 20~40 km。随着换流装置价格的不断下降，等价距离必然也将不断地下降。当然，输电系统采用交流或直流是由诸多因素决定的，等价距离不是唯一的因素。工程实际上的等价距离是在一定的范围内变化的（交流±5%、直流±10%）。

3.2 高压直流（HVDC）输电的构成

3.2.1 直流输电的基本原理

直流输电的基本原理如图 3.4 所示，它表示一个简单的直流输电系统。

图 3.4 简单直流输电系统原理图

图 3.4 中包括两个换流站 CS1 和 CS2 及直流输电线路。两个换流站的直流端分别接在直流线路的两端，而交流端则分别连接到两个交流电力系统Ⅰ和Ⅱ。换流站中主要装设有换流器，其作用是实现交流电与直流电的相互转换。

换流器由一个或多个换流桥串联或并联组成，目前用于直流输电系统的换流桥均采用三相桥式换流电路，每个桥具有 6 个桥臂。由于桥臂具有可控的单向导通能力，所以又称为阀或阀臂。

从交流电力系统Ⅰ向系统Ⅱ输送电能时，换流站 CS1 把送端系统Ⅰ送来的三相交流电变换成直流电流，通过直流输电线路把直流电流（功率）输送到换流站 CS2，再由 CS2 把直流电流变换成三相交流电流。通常将把交流变换成直流称为整流，CS1 也称为整流站；将把直流变换成交流称为逆变，CS2 又称为逆变站。

设整流站 CS1 的直流输出电压为 V_{d1}，逆变站 CS2 的直流输入电压为 V_{d2}，则从图 3.4 可知直流线路电流为

$$I_d = \frac{V_{d1} - V_{d2}}{R}$$
$$V_{d1} - V_{d2} = I_d R$$

式中，V_{d1}——整流站 CS1 的直流输出电压；
V_{d2}——逆变站 CS2 的直流输入电压；
I_d——直流线路电流；
R——直流线路的电阻。

直流线路和交流线路不同，它只输送有功功率，不输送无功功率。换流站 CS1 送到直流线路的功率和换流站 CS2 从直线路接受的功率分别为

$$P_{d1} = V_{d1} I_d \text{ 和 } P_{d2} = V_{d2} I_d$$

直流线路的损耗为两者之差，即

$$P_{d1} - P_{d2} = V_{d1} - V_{d2} = I_d(V_{d1} - V_{d2})$$

当直流输出电压 V_{d1} 大于直流输入电压 V_{d2} 时，就有电流沿着图 3.4 的方向流通。只要改变两端直流电压 V_{d1} 和 V_{d2} 就可以调节电流 I_d，从而也就改变了直流线路的功率 P_{d1} 或 P_{d2}。如果需要，通过调节可保持输送的电流或功率不变。

3.2.2 直流输电系统的分类

由于目前各种类型的直流断路器都还处于研制阶段，致使直流输电系统还不能像交流系统一样构成各种复杂的网络，所以目前直流输电也大多是两端供电系统。该系统常见的接线类型如图 3.5 所示，它们适用于不同的条件，现分述如下。

1. 单极线路方式

单极线路方式是用一根架空导线或电缆线，以大地或海水作为返回线路组成的直流输电系统，如图 3.5（a）所示。这种方式由于正常运行时电流需流经大地或海水，因此要注意接地电极的材料、埋设方法和对地下埋设物的腐蚀以及对地下通讯线路、航海罗盘的影响等问题，通常用正极接地的方式较多。

单极两线制方式（或称同极方式），是将返回线路用一根导线代替的单极线路方式。单极两线单点接地是将导线任一根在一侧换流站进行单点接地，如图 3.5（b）所示。这种方式避免了电流从地中或海水中流过，又把某一导线的电位箝位到零。其缺点是当负荷电流在流

过导线时，要产生较大的电压降，所以仍要考虑适当的绝缘强度。这种方式大多用于无法采用大地或海水作为回路以及作为双极方式的过渡方案。

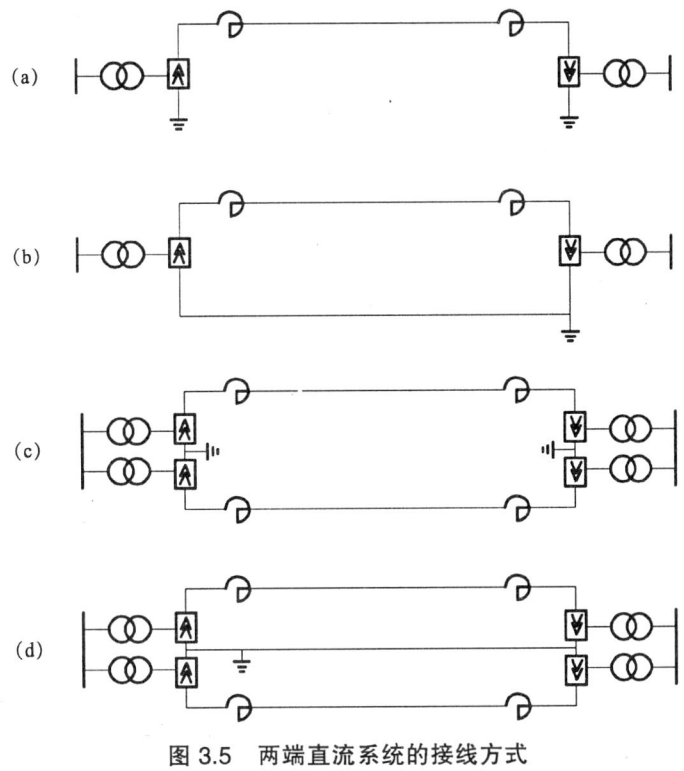

图 3.5　两端直流系统的接线方式

2. 双极线路方式

双极线路方式有两根不同极性（即正、负极）的导线，可具有大地回路或中性线回路。

1）双极两线中性点两端接地方式

这种方式如图 3.5（c）所示，将整流站和逆变站的中性点均接地，双极对地电压分别为 $+V$ 和 $-V$。正常运行时，接地点之间没有电流通过。实际上，由于两侧变压器的阻抗和换流器控制角的不平衡，总有不平衡电流以大地作为回路流过。当任一线路因故障切除后，可以利用健全极和大地作为回路，通过单极运行方式维持运行。

2）双极中性点单端接地方式

这种运行方式在整流侧或逆变侧中性点单端接地，正常运行时和上述方式相同。但当一线故障时，就不可以继续运行了。

3）双极中性线方式

将双极两端的中性点用导线连接起来，就构成双极中性线方式，如图 3.5（d）所示。这种方式在整流侧或逆变侧任一端接地，当一极发生故障时，能用健全极继续输送功率，同时避免了利用大地或海水作为回路的缺点。这种方式由于增加了一根导线，在经济上将增加一定的投资。

4）"背靠背"（back to back）换流方式

没有直流输电线路，而将整流站和逆变站建在一起的直流系统称为"背靠背"换流站。

这种方式适用于不同额定频率或者相同额定频率非同步运行的交流系统之间的互联。因为没有直流输电线路，所以直流系统可选用较低的额定电压。这样，整个直流系统的绝缘费用可降低，有色金属的消耗量和电能损耗的增加就较少。目前世界各国已修建和准备投建的"背靠背"直流工程较多，其主要用途是系统的增容时限制短路容量，从而不致更换大量的电气设备。

3.2.3 主要设备

HVDC 输电系统主要设备有两端换流站和连接的线路组成，与交流输电系统有很大差异的是换流站。换流站主要由阀厅、控制楼及其设备、交直流开关场、换流变压器、平波电抗器、交直流滤波器、无功补偿设备、接地极和辅助设备组成。有关直流线路部分以后将作介绍，这里主要介绍换流站的主要设备。换流站中主要电气设备包括：

（1）换流器。其主要作用是将交流电力变换成直流电力或将直流电力变换成交流电力。

（2）换流变压器。向换流器提供交流功率或从换流器接受功率的变压器。

（3）交流断路器。将直流侧空载的换流装置投入到交流电力系统或从其中切除。当换流站主要设备发生故障时，在直流电流的旁路形成后，可用它将换流站从交流系统中切除。

（4）直流电抗器。又称为平波电抗器，其主要作用是抑制直流过电流的上升速度，并用于直流线路的滤波，同时对于沿直流线路向换流站入侵的过电压也将起缓冲作用。

（5）阻尼器。并联于换流器阀的阻尼器，主要用来阻尼阀关断时引起的振荡，抑制相过电压，线路阻尼器用于阻尼线路在异常运行情况下发生的振荡。

（6）滤波器。主要作用是对交流侧和直流侧进行滤波。装于交流侧的称为交流滤波器，装于直流侧的称为直流滤波器。交流滤波器除了对交流侧进行滤波外，还可为换流站提供一部分无功功率。

（7）无功补偿装置。换流器在运行时需要消耗无功功率，除了滤波器提供部分无功外，其余则由安装在换流站内的无功补偿装置（包括电力电容器、同步调相机和静止补偿器）提供。逆变站的无功补偿装置，一般还应供给部分受端交流系统负载所需要的无功功率。另外，无功补偿装置可兼作电压调节之用，静止补偿器和装有快速励磁调节器的同步调相机也有助于提高直流输电系统的电压稳定性。

（8）过电压保护器。其作用是保护站内设备（特别是换流器）免受雷击和操作过电压之害。在有直流电压的节点必须装设直流避雷器。

（9）电压互感器和电流互感器。对交流系统采用交流电压互感器和电流互感器；对直流侧需采用直流电压互感器和直流电流互感器。

（10）接地电极。其主要作用是连接大地（或海水）回路、固定换流站直流侧的对地电位。

（11）调节装置。根据系统的运行情况，自动控制换流器的触发相位，调节直流线路的电压、电流和功率。

（12）继电保护装置。检测换流站内设备（特别是换流器）和直流线路的故障、并发出故障处理的指令。

(13) 高频阻塞装置。抑制换流器在换相过程中所引起的无线电干扰。

3.3 换流技术

换流电路主要由换流器组成，换流器的功能是实现交流—直流或直流—交流的变换，前者称为整流，后者称为逆变。

换流器的接线方式的形式很多，对于大功率换流器，大多数采用三相桥式电路，如图3.6所示。三相桥式换流器由6个桥臂组成，每一个桥臂由几十个至几百个串联的晶闸管元件组成。桥臂具有阀的特性，所以桥臂又称为阀臂，它在正常情况下，只能从阳极到阴极单方向导通。三相换流器中的6个阀臂按正常开通的次序编号，为了分析的方便和便于记忆，阀1、阀3、阀5依次构成上半桥，阀4、阀6、阀2构成下半桥，阀1和阀4、阀3和阀6、阀5和阀2构成三个阀对。阀对的中心端子A、B、C称为桥的交流端，它们对应地连接到换流变压器的三相。上半桥的3个阀的阴极同接于直流母线M上，下半桥的3个阀的阳极同接于直流母线N上，M和N也称为桥直流端的两个极（正极和负极）。

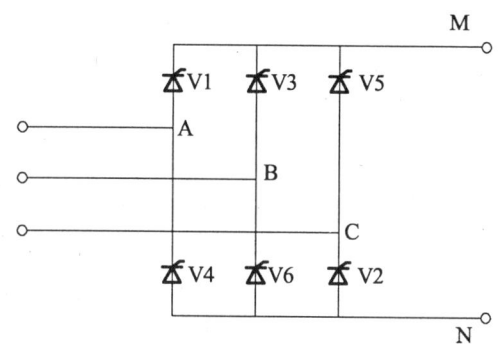

图3.6 三相桥式换流器原理接线图

为了阐明基本原理，在本章的分析中采用如下的假设条件：
(1) 三相交流电源的电动势是对称的正弦波，频率恒定。
(2) 交流电网的阻抗是对称的，而且忽略不计换流变压器的激磁导纳。
(3) 直流侧平波电抗器具有很大电感值，使直流侧电流滤波后其波形是平直的，没有纹波。
(4) 阀的特性是理想的，即通态正向压降和断态漏电流可忽略不计。
(5) 三相6个阀以六分之一周期（60°）的等相位间隔依次轮流触发导通。

3.3.1 整流器的工作原理

首先分析单桥整流器的工作原理，其原理接线图如图3.7所示。图3.8中 e_a、e_b、e_c 分别表示换流器交流侧三相电势；L_c 表示交流系统每相的等值电感，各相电压的波形如图3.8所示。

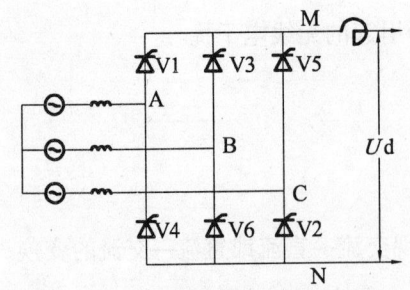
图 3.7 单桥整流器的工作原理

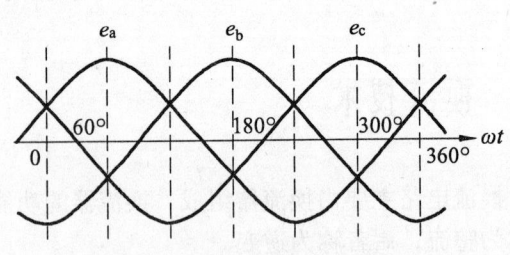
图 3.8 交流相电压的波形

在分析单桥整流器工作原理以前,重述一下晶闸管阀的基本特性:

(1) 只有当晶闸管元件承受正向电压时(即阳极电位高于阴极电位),晶闸管才有导通的可能。

(2) 晶闸管承受正向电压,控制极又得到触发脉冲信号,晶闸管元件才完全导通。

(3) 已导通的晶闸管,即使除去触发脉冲信号,仍能继续保持导通,直到其承受反向电压时,才会关断。

1. 理想情况下的工作原理

所谓理想情况是指换流桥上、下半桥各有一个阀导通,不考虑变压器漏抗造成的选弧(即重叠角 $\mu=0$),也不考虑阀导通时的延迟(即延迟角 $\alpha=0$)。

参见图 3.7 和图 3.8,设开始时刻阀 V1 和阀 V2 导通,交流电源的线电压 e_{ac} 通过导通的阀加在直流输出端 M、N 上,成为直流输出电压的一部分,其波形图如图 3.9 所示。

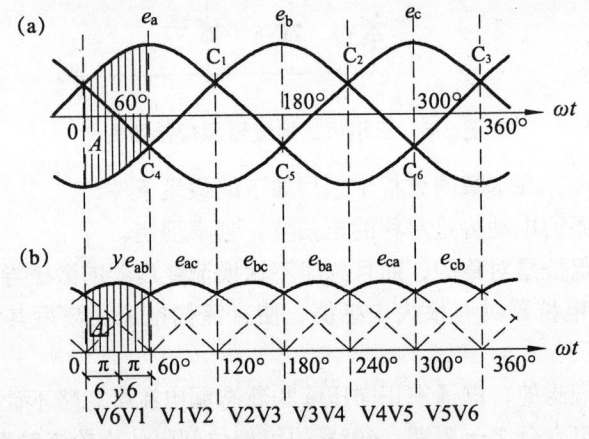
图 3.9 单桥整流器的电压波形

在图 3.9 (a) 中,用 C_1、C_3、C_5 点表示相电势上半波形的交点,C_2、C_4、C_6 点表示相电势在下半波形的交点,这些点称为自然换相点。如图 3.9 (b) 所示,阀 V1 和阀 V2 导通时,直流母线 M、N 上的直流输出电压为

$$e_{ac} = e_a - e_c$$

当 ωt 经过 60° 过其 C3 点后,从图 3.9 (a) 中可看出 b 相电压高于 a 相电压,则图 3.7

中 B 点电位高于 A 点电位。由于阀 V1 导通，M 点电位等于 A 点电位，使阀 V3 的阳极电位高于阴极电位，阀 V3 承受正向电压；又根据假定 $\alpha=0$，阀 V3 的控制极上加有触发脉冲，则阀 V3 立即导通。阀 V3 导通后，由于 b 相电压高于 a 相电压，阀 V1 承受反向电压而关断。这就是说阀 V1 向阀 V3 换相，变成 V2 和 V3 导通。这时对换流器而言，电流总是从高电位流向直流系统。这时线电压 $e_{bc}=e_b-e_c$ 通过阀 V2 和阀 V3 加到直流输出端 M、N 两母线上，其波形如图 3.9（b）中的 e_{bc} 段。

当 ωt 再经过 60°之后（即过 C_4 点），a 相电压低于 c 相电压，A 点电位低于 C 点电位，而阀 V2 又处于导通状态，使阀 V4 的阴极电位低于阳极电位，阀 V4 立即导通，阀 V2 则承受反向电压而关断。V4 联系着的是处于低电位的 a 相电压，电流从直流系统经阀 V4 流回电源。所以对整流器而言，电流总是从低电位流进，这时线电压 $e_{ba}=e_b-e_a$ 通过阀 V3 和阀 V4 加到直流输出端母线上。

随后每隔 60°依次换相一次，如此循环往复，直流正极母线 M 和负极母线 N 对电源中性点的电位变化，用图 3.9（a）所示的上、下包络线（粗线）表示；直流母线 M、N 间的直流输出电压 V_d 的波形用图 3.9（b）所示的曲线（粗线）表示。

所以理想情况下整流器的工作原理是：联系最高交流电压的晶闸管将导通，电流由此流出；而联系最低交流电压的晶闸管也导通，电流由此返回。通过按照一定次序的晶闸管阀的"通"与"断"，将交流电压变换成脉动的直流电压。

从上面的分析可知，理想情况下输出的直流电压瞬时值 V_{d0} 在一个周期中是由六段相同的曲线段所组成，所以称这种接线的整流器为六脉波整流器。只要取其中的任一段，即可求出其直流电压平均值 V_{d0}。在图 3.9（b）中，取纵轴 y 位于 $\omega t=30°$ 处，则曲线 e_{ab} 的纵坐标可用 $\sqrt{2}E\cos\omega t$ 表示，当其 ωt 从 $-6/\pi$ 到 $6/\pi$ 这段时间间隔内，可由积分求得其面积为

$$A=\int_{-\frac{\pi}{6}}^{\frac{\pi}{6}}\sqrt{2}E\cos\omega t d\omega t=\sqrt{2}E\sin\omega t\Big|_{-\frac{\pi}{6}}^{\frac{\pi}{6}}$$

将 A 值除以 $\pi/3$ 即可得到直流电压平均值，即

$$V_{d0}=\frac{A}{\pi/3}=\frac{3\sqrt{2}}{\pi}E=1.35E$$

式中，V_{d0}——当 $\alpha=0$、$\mu=0$ 时的直流电压平均值；

E——交流线电压的有效值。

2. 考虑延迟角（即 $\alpha>0$）的情况

对于图 3.9，当阀 V1 不是在 C_1 点导通，而如图 3.10 所示要延迟一个角度 α 才被触发导通（这种延迟是必然的）。C_1 点称为自然换相点，也就是相电压的交点。从自然换相点到阀的控制极上加以控制脉冲这段时间，用电气角度来表示，称为延迟角 α。这时直流母线 M、N 对中性点的电压波形（重叠角 $\mu=0$）如图 3.10（a）中的粗实线所示，直流母线 M、N 之间的直流电压波形如图 3.10（b）中的粗实线所示。

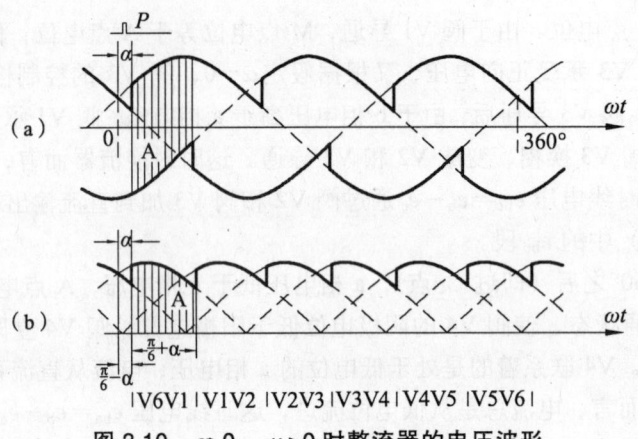

图 3.10 $\alpha>0$，$\mu>0$ 时整流器的电压波形

同理，求其直流电压平均值，可取一周的六分之一进行积分，这段面积为

$$A = \int_{-\left(\frac{\pi}{6}-\alpha\right)}^{\frac{\pi}{6}} \sqrt{2}E\cos\omega t \Big|_{-\left(\frac{\pi}{6}-\alpha\right)}^{\frac{\pi}{6}}$$

$$= \sqrt{2}E\cos\alpha$$

同理，将 A 除以 $\pi/3$，即得到这种情况下直流电压的平均值

$$V_d = \frac{A}{\pi/3} = \frac{3\sqrt{2}}{\pi}E\cos\alpha = V_{d0}\cos\alpha = 1.35E\cos\alpha$$

从上式可以看出，在考虑到 $\alpha>0$ 的情况下，与 $\alpha=0$ 时比较，直流输出电压改变了 $\cos\alpha$，调节 α 值，可改变 V_d，从而改变直流输出功率。

3. 既考虑延迟角（$\alpha>0$），又考虑换相电感（$\mu>0$）的情况

当导通的阀 V1 换相至阀 V3 的过程中，由于系统存在着电感，换流变压器也有漏抗，所以回路中的电流不能突变，即阀 V1 中的电流不会立即降到零，阀 V3 中的电流也不会立即上升到额定值，而存在一个 V1 和 V3 共同导通的时间。在这段时间内，相当于交流 a、b 两相短路，如图 3.11 所示。

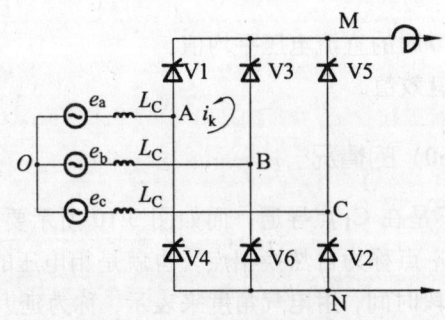

图 3.11 V1 和 V3 共同导通

图 3.11 中，二相短路电流 i_k 在 MAOBM 回路中流过，短路电流的方程用下式表示求积

分后可得

$$2L_c \frac{di}{dt} = \sqrt{2}E\sin\omega t$$

求积分后可得

$$i_k = -\frac{\sqrt{2}E}{2\omega L_c}\cos\omega t + C = I_{k2}\cos\omega t + C$$

式中，C ——积分常数。

当换相开始瞬间，即电路从一组阀（如 V1V2）导通改变至另一组阀（如 V1V2V3）导通的瞬间，电流不会突变。此时 $\omega t = \alpha$，$i_k = 0$，所以

$$C = \frac{E}{\sqrt{2}\omega L_c}\cos\alpha$$

则

$$i_k = \frac{E}{\sqrt{2}\omega L_c}(\cos\alpha - \cos\omega t) = I_{k2}(\cos\alpha - \cos\omega t)$$

当 $\omega t = \alpha + \mu$ 时，有

$$i_k = I_d$$

$$I_d = \frac{E}{\sqrt{2}\omega L_c}\left[\cos\alpha - \cos(\alpha+\mu)\right] = I_{k2}\left[\cos\alpha - \cos(\alpha+\mu)\right]$$

式中，E ——交流线电压的有效值；
ωL_c ——换相电抗；
I_{k2} ——交流系统二相短路电流；
μ ——换相角；
α ——延迟角。

由上述分析可知，换相过程实质上是交流系统短时间的二相短路过程，换相是依靠电源提供的短路电流进行的。这时的短路电流称为换相电流，提供换相电流的交流电压称为换相电压，每相从电源中性点到阀之间的短路电抗称为换相电抗；而几个阀共同导通的这段时间用电气角度来表示，称为重叠角（或换相角）μ。

当考虑 $\alpha>0$，$\mu>0$ 时，直流电压的波形如图 3.12 所示。

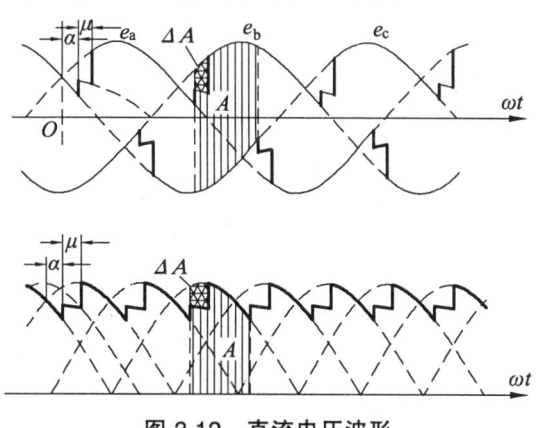

图 3.12 直流电压波形

从图中可以看出，这时直流电压的波形由图 3.9 的波形每 60°的面积中减掉 ΔA 的面积。因此直流电压的平均值为

$$V_d = \frac{1}{\pi/3}(A - \Delta A) = \frac{3A}{\pi} - \frac{3\Delta A}{\pi} = V_{d0}\cos\alpha - \Delta V$$

式中，ΔA ——由于换相引起直流电压每 60°减掉的面积；

ΔV ——由于换相引起直流电压平均值的变化量。

由图 3.12 可求得

$$\Delta A = \frac{1}{2}\int_{\alpha}^{\alpha+\mu}\sqrt{2}E\cos\omega t\,d\omega t = \frac{\sqrt{2}}{2}E\left[\cos\alpha - \cos(\alpha+\mu)\right]$$

$$\Delta A = \frac{\Delta A}{\pi/3} = \frac{3\sqrt{2}}{2\pi}E\left[\cos\alpha - \cos(\alpha+\mu)\right]$$

$$= \frac{V_{d2}}{2}\left[\cos\alpha - \cos(\alpha+\mu)\right]$$

将式 $I_d = \dfrac{E}{\sqrt{2}\omega L_c}\left[\cos\alpha - \cos(\alpha+\mu)\right] = I_{k2}\left[\cos\alpha - \cos(\alpha+\mu)\right]$ 代入上式进行整理可得

$$\Delta V = I_d\frac{3\omega L_c}{\pi} I_d R_\alpha$$

则

$$V_d = V_{d0}\cos\alpha - I_d R_\alpha$$

式中，$R_\alpha = \dfrac{3\omega L_c}{\pi}$ ——整流侧的等值换相电阻。

有了重叠角之后，直流输出电压降低了，比没有考虑选弧时降低了 ΔV。由于 ΔV 正比于 I_d，因此换相的效应也就相当于直流侧有一等效电阻 R_α，引起直流输出电压的下降。但实际上它不是一个真实的电阻，因为它不会引起有功损耗。由于这时交流的电压和电流没有发生变化，直流功率的降低则可看做是由于交流侧有滞后功率因数的缘故，而使变压器原边输出的有功功率由 $\sqrt{3}EI$ 降为 $\sqrt{3}EI\cos\Phi$。从波形上看，有了 α 和 μ 后，电流的相位要比原来滞后一个 ϕ 角，这就是要求交流系统供给滞后无功功率的原因（见图 3.13），也就是换流器在换相时吸收无功功率的原因。

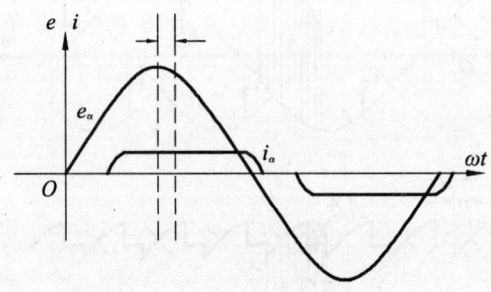

图 3.13 整流器功率因数

当重叠角 μ 大小变化时，换流器在运行中同时导通的阀的数目将是不同的，如图 3.14 所示。

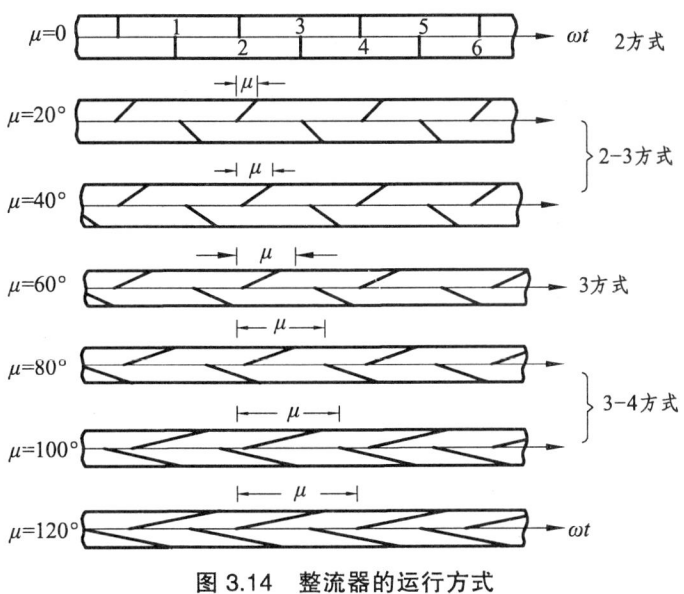

图 3.14　整流器的运行方式

换流器在正常工作情况下，一般 $\mu<60°$，在这种情况下，换流器在非换相期间只有 2 个阀导通，称为 2 方式运行；在换相期间有 3 个阀导通，称为 3 方式运行，而且 2 个和 3 个阀导通是交替出现的，所以就把换流器这种运行方式简称为 2-3 运行方式。在 $\mu=0$ 和 $\mu=60°$ 情况下，换流器分别以 2 和 3 方式运行，在 $60°<\mu<120°$ 时，换流器以 3-4 方式运行。

3.3.2　逆变器的工作原理

在直流输电系统中，为了满足用户的要求，还需要把直流变换为交流，这就需要所谓的逆变器。逆变器与整流器具有相同的换流装置，只是各自的运行条件不同。

本节主要简述逆变的基本概念，逆变器的运行特性，有关各参数的基本关系式，同时了解整流与逆变状态的相同和不同之处。

1. 逆变的基本概念

前面所讨论的整流器工作原理，是在 α 角较小的情况。如果 $60°<\alpha<90°$，则换流器直流端电压瞬时值 U_{d0} 将交替地出现正值和负值，如图 3.15 所示。如果整流器不经直流电抗器平波而直接接到纯电阻负荷，由于换流阀的单向导电性，只有在瞬时电压为正的各段时间内，才有断续的电流送出。

当 $\alpha=90°$ 时，直流电压 V_d 曲线所决定的正负面积相等，直流电压的平均值为零，换流器不能送出直流电流，也就是不能再起整流作用了。

如果 $\alpha>90°$，则直流电压 V_d 曲线所决定的负面积大于正面积，V_d 变为负值而反向。

当 $120°<\alpha<180°$ 时，代表电压的面积全部是负的（见图 3.16），V_d 也就负得更多，到 $\alpha=180°$ 时，$V_d=-V_{d0}$，达到负的极值。

在 $\alpha>90°$ 情况下，换流器不可能沿着阀可导通的方向向负荷送出直流电流。

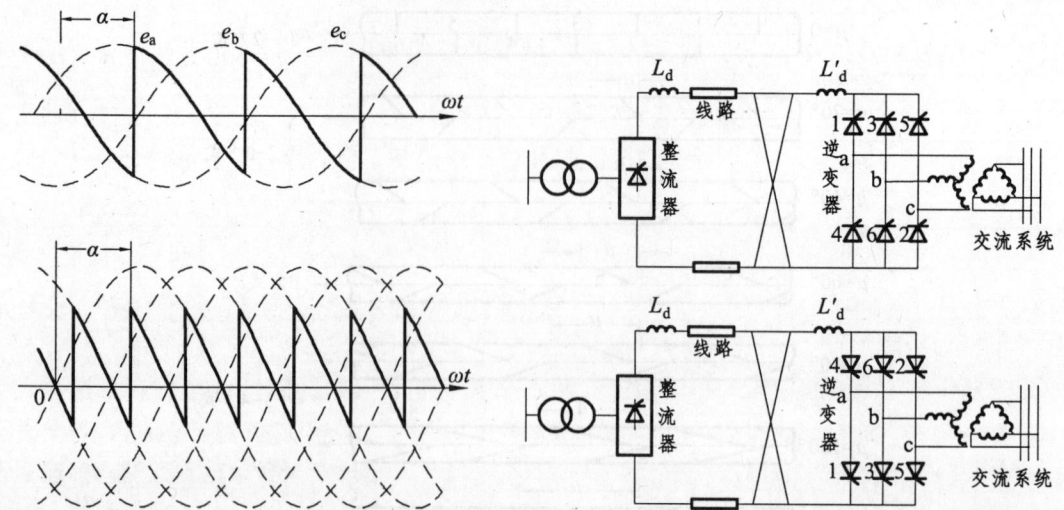

图 3.15　$60°<\alpha<90°$，$\mu=0$ 时换流器的电压波形　　图 3.16　作为逆变器运行的换流器

为了使换流器由整流状态转变为逆变状态，除改变直流电压的极性外，还必须加大延迟角，使 $\alpha>90°$。所以，对整流范围有 $0°<\alpha<90°$；而对逆变范围有 $90°<\alpha<180°$。在分析逆变状态时，为了方便，通常以超前角 β 代替延迟角 α，它们两者之间的关系为

$$\beta = 180° - \alpha \qquad 或 \qquad \alpha = 180° - \beta$$

2. 逆变器的工作原理

逆变器的工作原理与整流器的工作原理有很多相同之处，也有一些不同点。其主要不同点在于逆变器是利用加在阀上的交流电压处于负半周时使阀导通。此时 $\alpha>90°$，直流平均电压 V_d 为负值，实质上 V_d 起一个反电势的作用。

要使逆变器导通，必须满足下列充分必要条件：

（1）在直流母线上加一个足够大的直流电压，以克服反电势的作用，才能使电流导通。

（2）在直流电压小于交流反电势的瞬时值时，为了保持电流的连续，直流回路中要有充分大的电感，利用储藏在磁场中的能量帮助电流连续导通而不致中断。

下面通过图 3.17 来分析逆变器的工作原理。

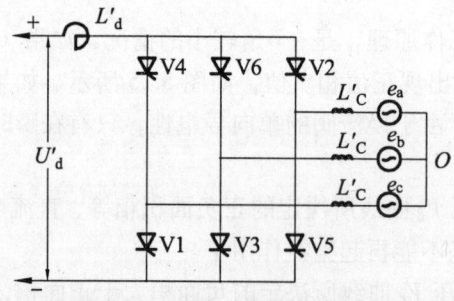

图 3.17　逆变器的原理接线图

图 3.17 中，系统的等值电抗为 L'_c，直流平均电压为 V'_d。应特别注意，直流母线 M、N 两极的接法与整流器正好相反，M 接至上半桥的共阳极，N 接至下半桥的共阴极。

首先,阀 V1 在 e_a 接近负半周时,才给以触发脉冲使之导通,如图 3.18 所示,e_a 是接在阀 V1 相位(即触发角)。换流器的这一特点,为在直流输电的"潮流翻转"和其他方面的调节控制提供了非常有利的条件。

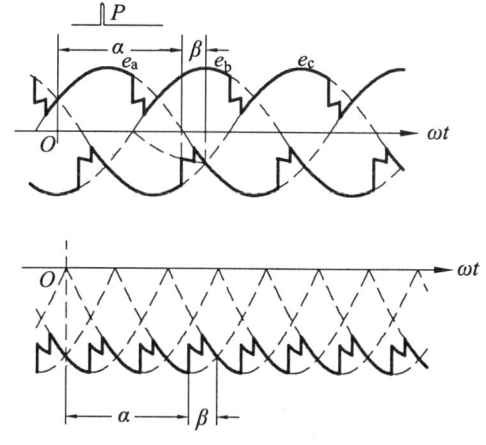

图 3.18 逆变器的电压波形图

逆变器的换相过程和整流器相似,也是由逆变侧交流系统提供换相电流来实现,所以,根据换相原理也可推得直流电流的方程式

$$I_d = \frac{E}{\sqrt{2}\omega L_c'}(\cos\gamma - \cos\beta) = I_{k2}(\cos\gamma - \cos\beta)$$

式中,β ——超前角;
γ ——熄弧角;
$\omega L_c'$ ——逆变器交流侧的换相电抗。

逆变器的直流平均电压

$$V_d' \frac{1}{\pi/3}(A\beta + \Delta A) = -V_d\cos\alpha + \Delta V$$
$$= -V_{d0}\cos(180° - \beta) + \Delta V$$
$$= V_{d0}\cos\beta + \Delta V$$

式中,有

$$\Delta A = \frac{1}{2}\int_{\gamma}^{\gamma+\mu}\sqrt{2}E\cos\omega t \mathrm{d}\omega t = \frac{\sqrt{2}E}{2}[\cos\gamma - (\gamma + \mu)]$$
$$\Delta V = \frac{\Delta A}{\pi/3} = I_d\frac{3\omega L_c'}{\pi} = I_d R_\beta$$

则

$$V' = V_{d0}\cos\beta + I_d R_\beta$$

式中,$R_\beta = \dfrac{3\omega L_c'}{\pi}$ 为逆变侧等值换相电阻。

3.4 换流站的布置

3.4.1 换流站的平面布置

换流站的平面布置是围绕阀厅来展开的。阀厅的中央安装有换流阀及其辅助设备,并需要一定的维护和检修面积。所以、对阀厅有如下的特殊要求:

(1) 环境要求清洁。
(2) 要求防止和降低阀触发时可能引起的无线电干扰。
(3) 满足对温度的调节。

在阀厅的布置中,要考虑下述一些基本的条件:

(1) 各设备之间要有一定的距离。
(2) 要有检修、维护及测量的通道。
(3) 便于运输和事故时撤除设备。
(4) 阀组之间的连接要尽可能减少杂散电容。
(5) 根据一般的情况,阀厅的布置分为:直线布置方式(一字型)、背对背布置方式和垂直布置方式。

在整个换流站中,滤波器和电力电容器所占面积最大,约为 1/3,所以这些装置的小型化是换流站建设中的一个重要课题。

阀厅的布置方式如图 3.19 所示,典型双极换流站的平面布置如图 3.20 所示。

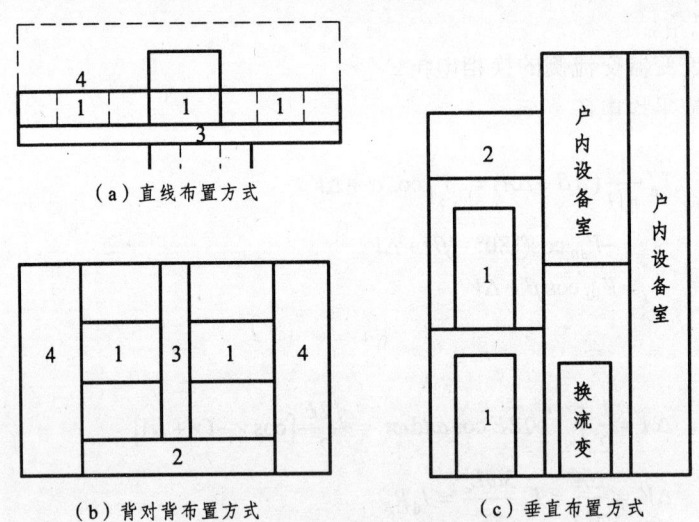

(a) 直线布置方式

(b) 背对背布置方式

(c) 垂直布置方式

图 3.19 阀厅的布置方式简图

1—阀厅;2—控制室;3—通道;4—开关场

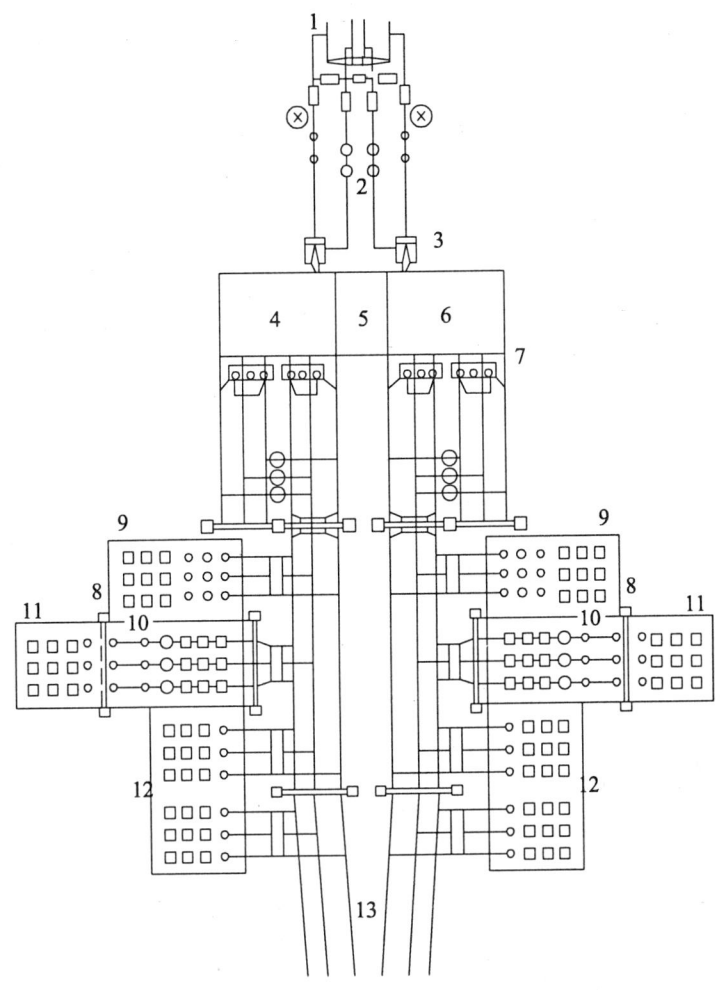

图 3.20 典型双极换流站的平面布置图

1—直流和电极线路；2—直流开关场；3—平波电抗器；4—阀厅、极1；5—带有控制室的生产用房；
6—阀厅、极2；7—换流变压器；8—交流滤波器；9—高通滤波器；10—11次滤波器；
11—13次滤波器；12—并联电容器；13—交流开关场

3.5 换流站的主设备（晶闸管换流器）

高压直流输电系统主要包括换流站和线路两大部分。换流站（包括整流站和逆变站）由于设备较多，价格较贵，因此，它是高压直流输电系统最主要的组成部分。有关直流线路部分在第4章中介绍，本章主要讨论换流站中一次主要设备，包括换流器、换流变压器、直流电抗器、滤波器等，并了解对这些设备的一些特殊要求，本节主要介绍晶闸管换流器。

直流输电工程中所用的换流阀有两种：汞弧阀和晶闸管阀（可控硅阀）。汞弧阀是一种具有汞弧阴极的真空离子器件，它是通过汞蒸汽的电离来实现单向导电的。由于汞弧阀在运行中会产生逆弧、熄弧等故障，阳极与阴极的温度有不同的要求以及安装、维护比较复杂等原因，目前已不采用。晶闸管阀由于克服了汞阀弧的缺点，因此降低了发生故障的概率，提高了运行可靠性；可以省去采用汞弧阀所需要的旁通阀，也延长了换流变压器的使用年限；采用晶闸管阀还可以较长时间地运行于较大的触发角，以实现无功功率和交流电压的调节。与汞弧阀相比，晶闸管阀还具有不需要真空装置、装配室等辅助设施，甚至可以装设于户外，维护简单，额定电压选择的自由度较大等优点。

随着电子工业的发展，晶闸管的造价将进一步降低，所以目前设计的直流输电工程换流器均采用晶闸管阀，以致早期的直流工程也将汞弧阀改用为晶闸管阀。

1. 对晶闸管元件的基本要求

在选择晶闸管元件时，一般要求各元件具有下列特性：

(1) 耐压强度高。从晶闸管元件的阳极伏安特性可知，其反向特性与二极管相似，要求在正向电压时，控制极加上触发脉冲就能立即导通；而处于反向电压时，要求不导通。因此，要求晶闸管元件有足够高的绝缘强度承受反向电压，以防因反向电压瞬时值超过击穿电压，使晶闸管元件永久损坏。

(2) 载流能力大。晶闸管元件的额定电流是指通态电流为正弦波时，所允许的通态平均电流，如图 3.21 所示。

当通态电流峰值为 314 A 时，其额定电流为 100 A，通态电流均方根值为 157 A。如果通态电流不是正弦波，则通态平均电流的允许值就不一定等于额定电流。决定其允许值的最根本依据是晶闸管元件结温的最高允许值，改善散热条件可以提高通态电流的允许值。

(3) 开通时间和电流上升率（di/dt）的限制。当晶闸管元件阳极电压为正，并在控制极加上足够大的触发电流后，晶闸管元件并不是立即完成开通过程。它的通态电流上升和通态电压下降都有一个过程，如图 3.22 所示。

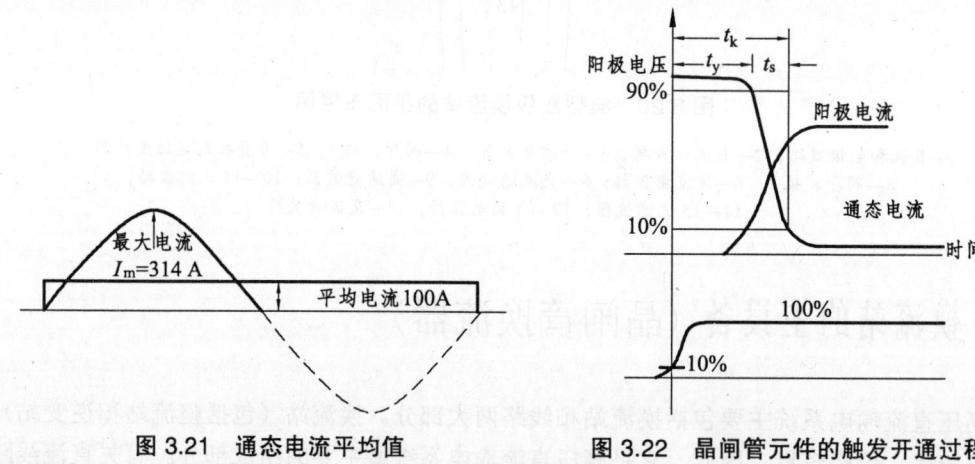

图 3.21 通态电流平均值　　图 3.22 晶闸管元件的触发开通过程

图 3.22 中，从控制极电压上升到终值（触发所需电压）的 10%时起，到阳极正向电压下降到 90%时所需的时间，称为延迟时间 t_y；阳极电压从 90%继续下降到 10%时所需的时间称为上升时间 t_s（上升是指阳极电流相应的上升）；两者之和（t_y+t_s）则定义为晶闸管元件的控制极控制开通时间（简称开通时间）t_k，其值一般在 10～20 μs 之间。

晶闸管元件在开通过程中，先是靠近控制极附近的很小区域导通，然后逐渐向外围扩展。如果刚刚开通时，就通过很大的阳极电流，势必在控制极附近的结面造成局部过热而损坏晶闸管。因此开通时的电流上升率 di/dt 有一个限值,约为 100 A/μs。

(4) 关断时间与电压上升率 dV/dt 的限制。在外电路的作用下,晶闸管阳极电流下降到零,而且在随后的一段时间内阳极电压处于反向的情况下,晶闸管元件可以从通态转入断态。它的关断同样也有一个过程,如图 3.23 所示。图中从阳极正向电流降到零开始,到正向阻断能力恢复为止,这一段时间称为关断时间 T_g,大功率晶闸管的关断时间为 200 μs 左右。

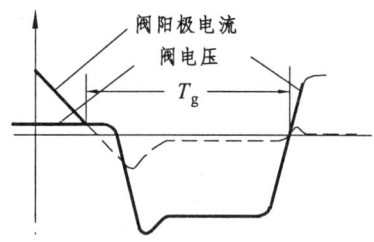

图 3.23 晶闸管元件的关断时间

如果晶闸管元件的控制极不加触发脉冲,但在阳极上突然加一个正向电压(即电压上升率 dV/dt 很高的电压),即使这一电压并未超过晶闸管的转折电压也会使其导通。因此晶闸管元件有一个允许的电压上升率 dV/dt,其数值为 200 V/μs 左右。

2. 晶闸管元件的分类及选择

晶闸管阀按绝缘方式分为空气绝缘阀和油浸式绝缘阀两类;按冷却方式分为风冷、油冷和水冷;按安装地点分为户内和户外式。一般空气绝缘阀为户内型,油浸绝缘阀为户外型,各有其优缺点。为了缩小阀的体积,使整个换流站更加紧凑,目前已开发了新型的绝缘氟里昂冷却阀。

晶闸管阀是由数十个至上百个晶闸管元件串并联组成,其元件的额定值和它的串并联数是阀的基本参数。在阀的设计中,通常用电压设计系数(VDF)和电流设计系数(CDF)为选择晶闸管串并联数的依据。VDF 和 CDF 的表示式如下所示:

$$VDF = \frac{元件的额定电压 \times 元件串联数}{阀的额定电压}$$

$$CDF = \frac{元件的额定 \times 元件并联数 \times 3}{阀的额定电流}$$

在晶闸管元件的选择中,VDF 和 CDF 一般在 3~4 的范围内取值。

显然,采用额定值大的元件,可以减少元件的串并联数,也可相应地减小和简化阀的控制、均压等组件,从而降低阀的造价。

3. 晶闸管阀的结构

为了节省占地和使用空间,在晶闸管阀的结构方面也有了较大发展(见图 3.24)。从原来一台设备一个阀臂的单阀结构发展为二个阀臂组合成一台设备的双重阀结构和一台装有 4 个臂的四重阀结构,如图 3.24(b)所示,四重阀用于 12 脉波运行的组合单元。

空气绝缘的桥阀大多采用双重阀结构。在两阀之间有一个控制柜,从地电位接受控制信号,形成控制脉冲,并分别送到上下两阀的元件。

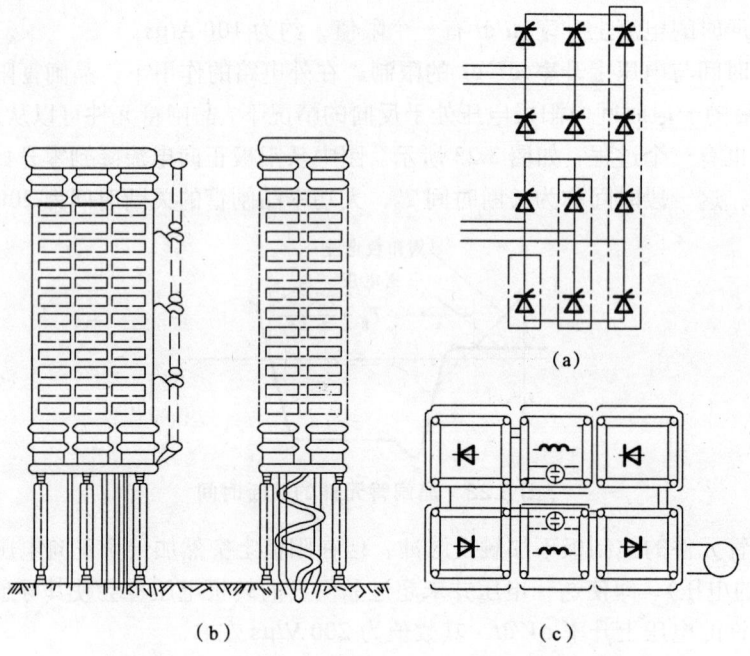

图 3.24 单阀和多重阀结构的原理接线和模型图

3.6 换流站的主设备（换流变压器）

换流站所用的电力变压器称为换流变压器，它和普通电力变压器在结构上基本相同。但由于两者运行条件的不同，所以换流变压器在设计、制造和运行上都具有一定的特点。

3.6.1 换流变压器的特点

1. 短路电抗

当换流器的阀臂发生绝缘破坏事故时，将造成换流变压器的桥侧短路；而换流器的换相过程实际上就是换流器二相短路过程。为了防止过大的短路电流通过当时正导通着的健全阀而损坏它的元件，所以换流变压器应具有足够大的漏电抗来限制短路电流。当交流系统容量比换流器容量大得多，即交流系统的等值电抗比换流变压器漏抗小很多时，把换流变压器的漏抗作为换相电抗（短路电抗）。但换流变压器的漏抗也不宜选择得过大，否则换流器在运行中消耗的无功功率将增加，需要加大无功补偿设备的容量，此外直流电压中换相压降也将过大，因此换流变压器短路电抗的选择要兼顾到这两方面，一般取值为 15%～20%。

2. 直流磁化（直流偏磁）

如果换流器触发相所用的时间间隔不相等，则交流相电流的正负半波不同，它的平均值将不等于零。也就是相电流中存在着直流分量，这一直流分量流过换流变压器桥侧绕组时，将产生直流磁化现象（也称直流偏磁）。

这种现象可用图 3.25 来说明。当外加在换流变压器绕组的电压波形为正弦波时，变压器的感应电势和铁芯中磁通的波形也接近于正弦波。假定磁通波形如图左侧的 $\Phi(t)$ 曲线所示有一个直流分量 Φ_0，由于感应电势和磁通变化率成正比，所以 Φ_0 的大小对感应电势没有影响。通过 $\Phi\text{-}i$ 曲线上对应点的坐标，可以得到产生磁通 $\Phi(t)$ 所需的激磁电流 $i(t)$。有了激磁电流波形后，即可求得它的平均值 i_0，也就是相应的激磁电流的直流分量。

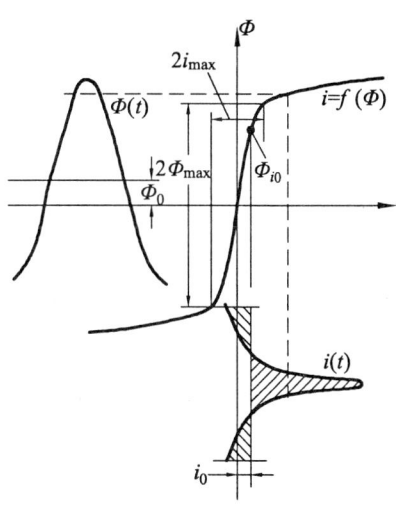

图 3.25 换流变压器的直流磁化

在正常情况下，$i_0 = 0$，相应的 $\Phi_0 = 0$，$i(t)$ 正负半波是对称的。$\Phi\text{-}i$ 曲线在 $2\Phi\max \sim 2i\max$ 的对称范围内，其幅值较小。

如果激磁电流有了直流分量后，Φ_0 增大，激磁电流在每周期中有一个很高的尖峰值，铁芯偏于 $\Phi\text{-}i$ 曲线一边运行，这就是换流变压器的直流磁化（偏磁）现象。由于铁芯周期性饱和会发出低频的噪声，它的频率只有正常激磁情况下的变压器噪声频率的一半，可以把这种低频噪声作为换流变压器发生直流磁化的征兆。与此同时，变压器的损耗和温升也将增加。

3. 噪　声

由于换流变压器铁芯的磁致伸缩使变压器发出噪声（不同于前述的低频噪声），一般换流变压器的噪声频率为工频的 2 倍。由于换流变压器铁芯中磁通还含有谐波分量，因此它们的噪声中也含有频率较高的分量。这些分量虽然较小，但对人的影响比普通电力变压器要大，所以当换流站建在有人居住地区时更应对噪声问题加以足够地重视。降低噪声影响的方法除了在变压器油箱和铁芯固定时尽可能使噪声减弱外，还可以考虑采用双重油箱吸音墙或将其装在隔声室内等方法。

3.6.2　换流变压器容量和电抗值的选择

1. 换流变压器容量选择

换流变压器的视在功率 S 可用下式表示

$$S = \sqrt{3} E_2 I_2$$

式中，E_2——换流变压器的阀侧线电压；

I_2——换流变压器的阀侧线电流。

由

$$E_2 = \frac{V_{d0}}{1.35} = \frac{2V_d}{1.35\left[\cos\alpha + \cos(\alpha+\beta)\right]}$$

可得
$$I_2 \approx 0.816 I_d$$
$$S \approx \sqrt{3} V_d I_d \frac{0.816}{1.35} \approx 1.047 P_d$$

式中，P_d——输送的直流功率。

2. 换流变压器电抗值选择

换流变压器电抗值的选择条件是：事故电流的幅值不会超过同一事故点三相短路电流幅值的 $\sqrt{3}$ 倍。交流三相短路电流的幅值可用下式计算

$$I_{k3} = \frac{\sqrt{2} E_2}{1.73 X_c}$$

最大事故电流为

$$I_{km} = \sqrt{3} I_{k3} = \frac{\sqrt{2} E_2}{X_c}$$

式中，E_2——阀侧交流线电压的有效值；
X_c——换相电抗。

换相电抗 X_c 是由三部分组成，即变压器电抗 X_L、交流系统等值电抗 X_n 和阳极电抗 X_a。这三部分电抗分别由下式各式求得

$$X_L = \frac{E_2^2}{S} U_k\% \cdot \frac{1}{100}$$
$$X_n = \frac{E_2^2}{S_k}$$
$$X_a = \omega L_a$$

式中，S——变压器三相总容量，MV·A；
E_2——变压器阀侧线电压，kV；
$U_k\%$——变压器短路电抗百分数；
S_k——故障点的交流系统短路容量，MV·A；
ω——角频率，$\omega = 2\pi f$ rad/s；
L_a——每相阳极电感的总和，H。

由于换相电抗 X_c 主要是由变压器电抗 X_L 所决定，则适当选择变压器电抗百分数，就能基本确定 X_c 的数值，从而使短路电流限制在晶闸管阀能够承受的范围之内。

3.6.3 对换流变压器分接头调压的要求

为了使换流器的触发角在不同的运行情况下都能保持在适当的范围内，以免功率因数过低，并使经常运行的换流变压器无功消耗最小，要求换流变压器最好能带负荷调压。调压范围一般为±15%，每档分接头调节量以 1%~2% 为宜。

3.7 换流站的主设备（直流电抗器）

直流电抗器（又称平波电抗器）在主回路中的作用主要有以下几个方面：
(1) 减少直流侧的交流脉动分量。
(2) 小电流时保持电流的连续性以及当直流送电回路发生故障时能抑制电流的上升速度。

从以上作用来看，希望它的电感量 L_d 越大越好。但是 L_d 过大，当电流迅速变化时在直流电抗器上产生的过电压 $L_d \dfrac{di}{dt}$ 就越大。另外作为一个延时环节，L_d 过大对直流电流的自动调节不利。所以在满足上述三项要求的前提下，直流电抗器的电感 L_d 应尽量小。

1. 减少直流侧的交流脉动分量

换流器对于直流送电线路来说，可看做电压谐波发生器。它将在直流系统中注入 n 次谐波频率的谐波环流，其谐波次数

$$n = Kp$$

式中，p——脉波数，对三相桥式 $p=6$（单桥）；
　　　K——正整数，取 1，2，3，…。

n 次谐波电压的有效值，当 $\alpha=0$、$\mu=0$ 时

$$V_{(n)0} = V_{d0} \frac{\sqrt{2}}{(n^2-1)}$$

对于不同的 α 和 μ，n 次谐波电压的有效值 $V_{(n)}$ 将随这些参数而变。例如，对 6 次谐波，可查图 3.26 得出其 6 次谐波电压 $V_{(6)}$ 与基波电压 $V_{(1)}$ 的比值。

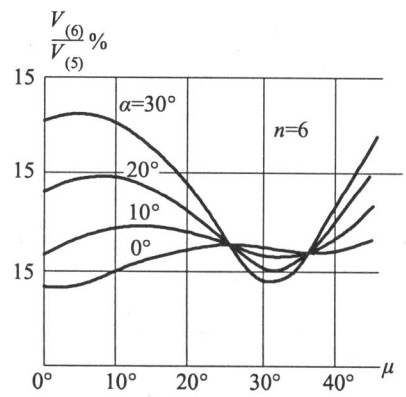

图 3.26　6 次谐波电压和 α、μ 角的关系图

根据允许的谐波电流百分含量 $I_{(n)}\%$（通常在 3%左右），就可用下式计算出直流电抗器的电感值 L_d，即

$$L_d = \frac{V_{(n)\max}}{n \cdot \omega \cdot I_{(n)}\% \cdot I_d} \times 100$$

式中，$V_{(n)\max}$——n 次谐波电压最大值，V；
I_d——额定直流电流，A；
ω——角频率；
n——谐波次数。

2. 小电流时保持电流的连续性

在最小直流电流为 I_{dmin} 时，要保持电流连续所需直流电抗器的电感值可用下式计算。
对单桥运行时有

$$L_p = \frac{V_{d0}}{\omega I_{dmin}} \times 0.0931 \sin\alpha$$

对双桥运行时

$$L_p = \frac{V_{d0}}{\omega I_{dmin}} \times 0.023 \sin\alpha$$

式中，V_{d0}——$\alpha=0$ 时的空载直流电压；
α——延迟角；
I_{dmin}——最小直流电流（一般取 $0.1I_d$）。

3. 直流短路时抑制电流上升速度

在直流输电系统中，逆变阀换相失败是一种常见的直流短路故障。事故阀不仅流过整流器提供的短路电流，而且还流过线路电容的放电电流。特别是电容 C 的放电电流 i_C 并不受电流调节器的控制，只有依靠逆变侧直流电抗器 L_d 来抑制，其等值图如图 3.27 所示。

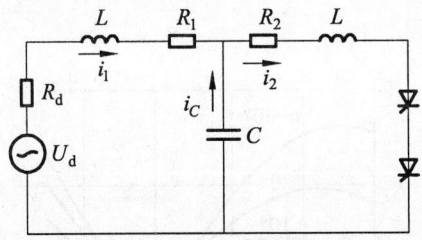

图 3.27 逆变阀换相失败的等值图

短路电流 i_k 可用下式求得

$$i_k = i_1 + i_C$$

$$i_1 = I_{d0} e^{-\frac{2t}{\tau}} + \frac{V_d}{2R}\left(1 - e^{-\frac{2t}{\tau}}\right) - \frac{1}{2}i_C$$

$$i_C = \frac{2V_d}{\omega L_d} e^{-\frac{t}{\tau}} \sin\omega t$$

式中，I_{d0}——事故前的直流电流。

由上式可知，i_2 是直流滤波器电感 L_d 的函数，以一定的 L_d 值代入，可以画出 i_k 和时间变量 t 的关系曲线，由此可以验算这个 L_d 值是否能把故障电流上升速度限制在允许的范围内。

根据上述三个要求，选取直流电抗器电感值 L_d 的具体方法是：按第 1 种情况确定电感值；以第 2 种和第 3 种情况进行验算，在实际工程中 L_d 一般取 0.5～1 H。为避免电流发生间断，有时要求直流电流为额定值的 10%时，L_d 的值能增大到额定值的 2 倍。这时采用带铁芯的电抗器，能更好地满足这个非线性要求。

3.8 换流站开关设备（直流断路器）

在高压直流输电系统中，某些运行方式的转换或故障的切除要采用直流断路器，直流断路器无法像交流断路器那样，可以利用交流电流过零值的机会实现灭弧，因而它的关键在于断开直流电流时的灭弧问题。按灭弧方法分为以下三种方式：

1. 叠加振荡电流方式

叠加振荡电流方式分为无源型叠加振荡电流方式和有源型叠加振荡电流方式两种。

有源型叠加振荡电流方式是利用电容器通过开关触头间的弧道放电产生振荡电流，叠加在将被断开的直流电流上，使弧道中的总电流能有经过零值的机会，从而实现灭弧。

无源型叠加振荡电流方式是利用电弧的负阻特性和电容并联，使电流产生发散性的自激振荡，而使电流经过零点。电弧电流过零以后，断路器触头之间的灭弧介质性能开始恢复，由于直流系统仍储存着巨大能量，并将使断口间的恢复电压上升。当断路器的介质恢复速度高于断口间的恢复电压上升速度时，就不会发生电弧重燃现象。当恢复电压上升至耗能装置金属氧化物避雷器 MO 的持续最大运行电压时，MO 进入导通状态，吸收这部分能量，使断路器完成开断过程。

由上述可以看出，直流断路器的开断分为三个阶段：① 强迫电流过零阶段。换流回路至少应产生一个电流过零点；② 介质恢复阶段。要求断路器有较快的灭弧介质恢复速度，并且要高于灭弧触头间恢复电压的上升速度；③ 能量吸收阶段。要求耗能装置的放电负荷能力应大于直流系统中残存的能量，并且要考虑至少有二次灭弧耗能的要求。

我国已建的高压直流换流站中采用的直流断路器多为这两种方式。

2. 耗散电弧能量限流断弧方式

采用这种灭弧方式的直流断路器有下列型式：

(1) 利用交流断路器和火花间隙-电容串联电路以及直流避雷器并联组成，交流断路器作为切断电流的开关，后两者作为吸收能量和断开续流之用。三支并联电路还和一个特殊的高速隔离开关串联，以保证断路器在断开状态下的完全隔离。

(2) 分段串接入电阻的直流断路器。这种断路器有多对串联的触头，除了最后一对触头并联 RC 元件之外，其他各对都有电阻并联。当要断开直流电流时，各对触头 M1～M4 依次断开，串入的电阻逐步增大，相应地使直流电流逐步减小，最后，电流小到可以用最后一对触头断开。由于电流是逐步减小的，所以这种断路器在切断直流电流时，基本上不会引起过电压。

（3）用拉长电弧方法限流的直流断路器。它的灭弧室的内腔是螺旋形的，靠动触头在灭弧腔内高速作螺旋形运动和电弧自身的电动力，在腔内把电弧拉成螺纹形的长弧，同时由于绝缘油的冷却和去游离作用，使直流电弧的能量耗散，以达到切断直流电弧的目的。

（4）用液化 SF_6 吹弧的断路器。它除了具有一般流体介质吹弧的作用之外，还利用液化 SF_6 气化过程的致冷作用，加速吸收能量，可以更有效地灭弧。

3. 磁场控制气体放电管断流方式

这种断路器是根据气体放电的巴申定律制造的，其主要元件是磁场控制的低气压放电管。

3.9 换流站的主设备（谐波和滤波器）

由于换流装置交流侧的电压和电流的波形不完全是正弦波，直流侧的电压和电流也不是平滑恒定的直流，即它们都含有多种谐波分量。也就是说换流装置是一个谐波源，它将在交流侧和直流侧产生谐波电压和谐波电流。一个脉波数为 p 的换流器，在它的直流侧产生的谐波次数为 $n=k_p$，在它的交流侧产生的谐波次数为 $n=k_p\pm1$，其中 k 是任意正整数。由以上式子所确定的谐波称为换流器的特征谐波，除此之外的所有各次谐波称为非特征谐波，在本章中主要讨论其特征谐波。

大多高压直流系统的换流器，其脉波数为 6 和 12，则它们将产生表 3.2 所示的各次特征谐波。在一般情况下，这些特征谐波的次数越高，它们的有效值越小，n 次交流谐波电流有效值 $I_{(n)}$，一般等于 $I_{(1)}/n$，$I_{(1)}$ 是基波电流的有效值。

表 3.2 脉波数与谐波次数的关系

脉波数	直流侧谐波次数	交流侧谐波次数
p	$n=Kp$	$n=Kp\pm1$
6	6，12，18，24，…	5，7，11，13，17，19，…
12	12，24，36，…	11，13，23，25，35，37，…

如果进入交流电网中的谐波分量过大，就会产生如下的不良影响：

（1）使交流电网中的发电机和电容器由于谐波的附加损耗而过热。
（2）对通信设备产生干扰，特别是对邻近的电话线路产生杂音。
（3）使换流器的控制不稳定。
（4）有可能引起电网中发生局部的谐振过电压。

减少换流器谐波的主要方法目前主要是采用增加脉波数和装设滤波器两种。但是对于高压直流系统中的换流器，普遍认为增加脉波数到 12 以上，将使换流站接线复杂，投资增加。所以在换流器的交流侧目前几乎都采用滤波器以限制交流谐波。而滤波器中的电容器也同时可提供换流器所需的部分无功功率。在换流器的直流侧，总是用相当于电感的串联直流电抗器来限制直流电压和电流中的谐波。而对于与直流电缆相连接的换流器,它的直流侧除直流电抗器外,一般不再需要装设另外的滤波装置。而对于架空线路,则需装设直流滤波器。

3.9.1 换流装置交流侧的特征谐波

1. 换流变压器阀侧线电流

当不计换流器的换相角 μ(即 $\mu=0$)时,换流变压器阀侧(即换流装置交流侧)线电流的波形为一系列等时间间隔、并轮流出现的正的和负的矩形脉冲,如图 3.28 所示(单桥)。

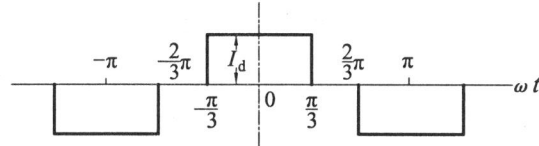

图 3.28 换流变压器阀侧线电流波形($\mu=0$)

对于上述的波形,可用傅里叶级数展开成三角函数级数,傅里叶级数的三角函数式为

$$F(\omega t) = \frac{A_0}{2} + \sum_{n=1}^{\infty}(A_n \cos n\omega t + B_n \sin n\omega t)$$

式中,有

$$A_0 = \frac{1}{\pi}\int_0^{2\pi} F(\omega t)\mathrm{d}\omega t$$

$$A_n = \frac{1}{\pi}\int_0^{2\pi} F(\omega t)\cos n\omega t \mathrm{d}\omega t$$

$$B_n = \frac{1}{\pi}\int_0^{2\pi} F(\omega t)\sin n\omega t \mathrm{d}\omega t$$

A_0 为直流分量,A_n 和 B_n 是 n 次谐波相量的两个直角坐标分量(即余弦分量和正弦分量),它们对应的谐波矢量为

$$A_n - \mathrm{j}B_n = C_{nL}\varPhi_n$$

式中,$C_n = \sqrt{A_n^2 + B_n^2}$ 是 n 次谐波相量的幅值;

$\varPhi_n = \arctan\dfrac{-\theta_n}{A_n}$ 是 n 次谐波相量的初相位。

因此

$$A_n = C_n \cos\varPhi_n \qquad B_n = C_n \sin\varPhi_n$$

对于图 3.28 的波形,由于对纵轴对称,是一偶函数,所以 $B_n=0$。同时,还因为在一个周期内,横轴上方的面积与下方的面积相等,所以直流分量 $A_0=0$。傅里叶级数只有余弦项,所有余弦项的幅值为

$$A_n = \frac{1}{\pi}\int_{-\pi}^{\pi} F(\omega t)\cos\omega t \mathrm{d}\omega t$$

$$= \frac{I_d}{\pi} \left[\int_{-\frac{\pi}{3}}^{\frac{\pi}{3}} \cos n\omega t \mathrm{d}\omega t + \int_{\frac{2}{3}\pi}^{\frac{4}{3}\pi} (-\cos n\omega t \mathrm{d}\omega t) \right]$$

$$= \frac{2I_d}{n\pi} \left[\sin n\omega t \Big|_{-\frac{\pi}{3}}^{\frac{\pi}{3}} - \sin n\omega t \Big|_{\frac{2}{3}\pi}^{\frac{4}{3}\pi} \right] = \frac{2I_d}{n\pi} \left[\sin \frac{n\pi}{3} + \sin \frac{2n\pi}{3} \right]$$

用 n（为任意正整数）代入上式可得各次谐波的系数（对于偶次项即 2，4，6，8…及 3 和 3 的倍数项为 0），将 A_n 代入上式，可得换流变压器阀侧线电流的表达式为

$$i_d = \frac{2\sqrt{3}}{\pi} \left(I_d \cos\omega t - \frac{1}{5}\cos 5\omega t + \frac{1}{7}\cos 7\omega t - \frac{1}{11}\cos 11\omega t + \frac{1}{13}\cos 13\omega t - \frac{1}{17}\cos 17\omega t + \frac{1}{19}\cos 19\omega t + \cdots \right) \quad (3\text{-}1)$$

由此式可见，在 $\mu=0$ 时，三相 6 脉波换流变压器阀侧线电流中，除基波电流外，只含有其 $p=\pm 1$ 次的谐波，则基波电流的幅值为

$$I_{(1)m} = \frac{2\sqrt{3}}{\pi} I_d = 1.103 I_d$$

基波电流有效值为

$$I_{(1)} = \frac{\sqrt{6}}{\pi} I_d = 0.78 I_d$$

n 次谐波有效值为

$$I_{(n)} = \frac{I_{(1)}}{n}$$

2. 换流变压器交流侧线电流

当换流变压器接成"Y—Y"或"△—△"接线，且当变比为 1∶1 时，则交流侧电流波形与阀侧电流波形相同，如图 3.29（a）所示，其傅氏级数展开式与式（3-1）相同，即

$$i_a = \frac{2\sqrt{3}}{\pi} I_d \left(\cos\omega t - \frac{1}{5}\cos 5\omega t + \frac{1}{7}\cos 7\omega t - \frac{1}{11}\cos 11\omega t + \frac{1}{13}\cos 13\omega t - \frac{1}{17}\cos 17\omega t + \frac{1}{19}\cos 19\omega t + \cdots \right) \quad (3\text{-}2)$$

当换流变压器接成"△—Y"、且变比为 $\sqrt{3}\colon 1$ 时，交流侧电流波形如图 3.29（b）所示，其傅里叶级数展开式为

$$i_a = \frac{2\sqrt{3}}{\pi} I_d \left(\cos\omega t + \frac{1}{5}\cos 5\omega t - \frac{1}{7}\cos 7\omega t - \frac{1}{11}\cos 11\omega t + \frac{1}{13}\cos 13\omega t + \frac{1}{17}\cos 17\omega t - \frac{1}{19}\cos 19\omega t + \cdots \right) \quad (3\text{-}3)$$

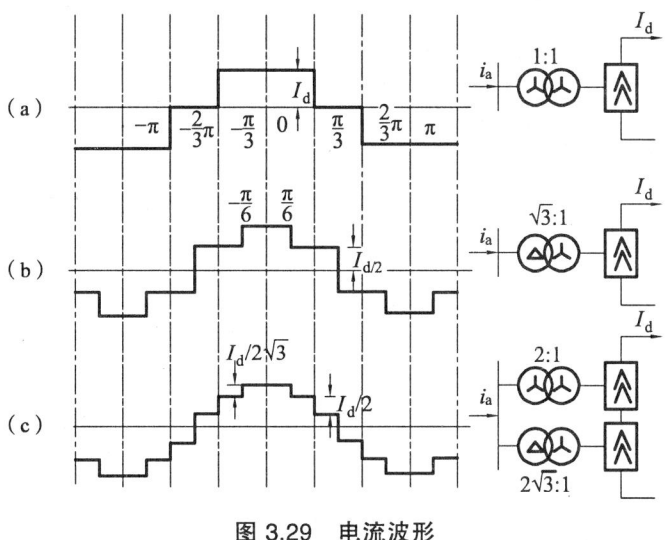

图 3.29 电流波形

式（3-2）和式（3-3）相比较，不同之处仅在于第 5、7、17、19 等项（即 $n=6k\pm1$，且量为奇数时）的符号相反，其余项（即 k 为偶数时）符号相同，且每次谐波的幅值是相同的，两个波形的有效值仍相等。

3. 双桥 12 脉波时换流变压器交流侧线电流

双桥 12 脉波换流器是由 2 台 6 脉波换流器组成，并设各由一台换流变压器供电，其接法分别为 Y—Y 及 △—Y；变比分别为 2∶1 和 $\sqrt{3}$∶1，其波形图如图 3.29（c）所示。

两台换流变压器交流侧总电流应为式（3-2）和式（3-3）之和的一半，即

$$i_{a(12)} = \frac{2\sqrt{3}}{\pi} I_d \left(\cos\omega t - \frac{1}{11}\cos 11\omega t + \frac{1}{13}\cos 13\omega t - \frac{1}{23}\cos 23\omega t + \frac{1}{25}\cos 25\omega t + \cdots \right) \tag{3-4}$$

从式（3-4）可看出，交流侧线电流中只含有 $12k-1$ 次的谐波，而第 5，7，17，19，……等次谐波将在两台换流变压器的交流侧绕组中环流，而不进入交流电网。

以上分析是没有考虑换相角的情况，如果考虑到延迟角和换相角，计算将变得极为复杂。实际计算只需从谐波电流 $I_{(n)}$ 和与基波电流 $I_{(1)}$ 的百分数及 μ 和 α 的关系曲线中查取就行。图 3.30 给出了 5 次谐波换流器的谐波电流与 μ 和 α 的关系曲线图。

换相角 μ 和延迟角 α 对谐波电流的影响，可归纳如下：

（1）换相角 μ 增大，谐波电流将下降，谐波次数越高，谐波电流下降得越快。

（2）在一定的范围内，谐波电流下降的速度也随换相角的增大而加快。

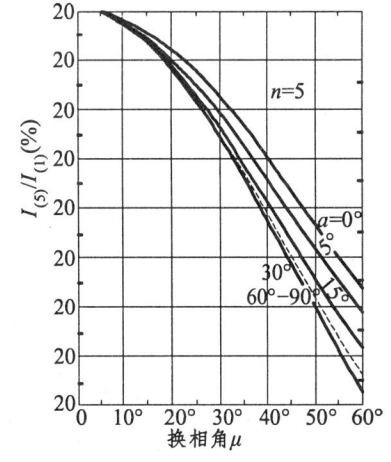

图 3.30

(3) 每次谐波在 $\mu = \dfrac{360°}{n}$ 附近时,谐波电流 $I_{(n)}$ 下降到最小值,然后再略有增大。

(4) 如果 μ 为定值,各次谐波电流随不同的 α 值的变化是微小的。

(5) 在任何情况下,谐波电流有效值不会超过下述数值,即

$$I_{(n)} = I_{(1)}/n = 0.78 I_d/n$$

3.9.2 换流装置直流侧的特征谐波

直流侧的谐波计算,通常是根据直流电压曲线,利用傅里叶级数展开式求出各次谐波的正弦分量、余弦分量和直流分量,从而求出各次谐波电压。再根据各次谐波所对应的等值电路由谐波电压及阻抗求得谐波电流。

1. 换流器直流侧的谐波电压

在分析直流侧的谐波电压时,仍以前面的假设为基础。换流器的直流电压 $U_d(\alpha,\mu)$ 可以看成是两个分量之和的一半,即一个是延迟角为 α 时的空载电压 $U_d(\alpha,0)$;另一个是触发角为 $\alpha+\mu$ 时的空载电压 $U_d(\alpha+\mu,0)$,则

$$U_d(\alpha,\mu) = \frac{1}{2}\left[U_d(\alpha,0) + U_d(\alpha+\mu,0)\right] \tag{3-5}$$

直流侧的电压 U 不但含有直流分量 n,也含有各次谐波分量 $\Sigma U_{d(n)}$,因此直流电压可用下式表示

$$U_d = V_d + \sum U_d(n)$$

对直流分量和谐波分量可分别按式 (3-5) 写出其表达式,即

$$V_d(\alpha,\mu) = \frac{1}{2}\left[V_d(\alpha,0) + V_d(\alpha+\mu,0)\right]$$

$$U_{d(n)}(\alpha,\mu) = \frac{1}{2}\left[U_{d(n)}(\alpha,0) + U_{d(n)}(\alpha+\mu,0)\right]$$

如果把 $U_d(\alpha,0)$ 和 $U_d(\alpha+\mu,0)$ 展开成傅里叶级数,则不难确定换流器带负载时直流侧电压中的直流分量 $U_d(\alpha,0)$ 和各次谐波分量 $U_d(\alpha+\mu,0)$,设

$$\begin{aligned} U_d(\alpha,0) &= V_d(\alpha,0) + \sum U_d(n)(\alpha,0) \\ &= V_d(\alpha,0) + \sum A_{(n)}(\alpha,0)\cos n\theta + B_{(n)}(\alpha,0)\sin n\theta \end{aligned}$$

因为在 $\theta = \alpha$ 和 $\theta = \alpha + \dfrac{\pi}{3}$ 时间间隔内,有

$$U_d(\alpha,0) = \sqrt{6} E_2 \cos\left(\theta - \frac{\pi}{3}\right)$$

$U_d(\alpha,0)$ 中的直流分量 $U_d(\alpha,0)$ 可以由积分求出,即

$$V_d(\alpha,0) = \frac{1}{\pi/3}\int_{\alpha}^{\alpha+\frac{\pi}{3}} U_d(\alpha,0) \mathrm{d}\theta = \frac{3}{\pi}\sqrt{6} E_2 \cos\alpha = V_{d0}\cos\alpha$$

而 n 次谐波分量中的 $A_{(n)}$ 和 $B_{(n)}$ 可由下式求出

$$A_{(n)}(\alpha,0) = \frac{1}{\pi/3}\int_{\alpha}^{\alpha+\frac{\pi}{3}} U_d(\alpha,0)\cos n\theta d\theta = \frac{2}{\pi/3}\int_{\alpha}^{\alpha+\frac{\pi}{3}} \sqrt{6}E_2\cos\left(\theta-\frac{\pi}{6}\right)\cos n\theta d\theta$$

$$B_{(n)}(\alpha,0) = \frac{2}{\pi/3}\int_{\alpha}^{\alpha+\frac{\pi}{3}} U_d(\alpha,0)\sin n\theta d\theta = \frac{2}{\pi/3}\int_{\alpha}^{\alpha+\frac{\pi}{3}} \sqrt{6}E_2\cos\left(\theta-\frac{\pi}{6}\right)\sin n\theta d\theta$$

求积分可得

$$A_{(n)}(\alpha,0) = V_{d0}\left[\frac{\cos(n+1)\alpha}{n+1} - \frac{\cos(n-1)\alpha}{n-1}\right]$$

$$B_{(n)}(\alpha,0) = V_{d0}\left[\frac{\sin(n+1)\alpha}{n+1} - \frac{\sin(n-1)\alpha}{n-1}\right]$$

由同样的方法求得换相角等于（$\alpha+\mu$）时的 n 次谐波电压 $U_{d(n)}$（$\alpha+\mu$，0）、余弦分量 $A_{(n)}$（$\alpha+\mu$，0）和正弦分量 $B_{(n)}$（$\alpha+\mu$，0）。总的谐波电压 $U_{d(n)}$（α，μ）及正弦分量 $B_{(n)}$（α，μ）即可求出，即

$$A_{(n)}(\alpha,\mu) = V_{d0}\left[\frac{\cos(n+1)\left(\alpha+\frac{\mu}{2}\right)\cos(n+1)\frac{\mu}{2}}{n+1} - \frac{\cos(n-1)\left(\alpha+\frac{\mu}{2}\right)+\cos(n-1)\frac{\mu}{2}}{n-1}\right]$$

$$B_{(n)}(\alpha,\mu) = V_{d0}\left[\frac{\sin(n+1)\left(\alpha+\frac{\mu}{2}\right)\cos(n-1)\frac{\mu}{2}}{n+1} - \frac{\sin(n-1)\left(\alpha+\frac{\mu}{2}\right)+\cos(n-1)\frac{\mu}{2}}{n-1}\right]$$

由 $A_{(n)}$（α，μ）和 $B_{(n)}$（α，μ）不难求出各次谐波电压。

通常在计算各次谐波电压 $U_{d(n)}$（α，μ）时，可采用查曲线的方法。图 3.31 表示 $n=6$ 时，谐波电压有效值 $U_{d(n)}$（α，μ）和理想空载电压 V_{d0} 之比及 α 和 μ 的关系曲线。对不同的 n，可根据不同的 α 和 μ 与 $U_{d(n)}$（α，μ）与 V_{d0} 的比值，从而求得 $U_{d(n)}$（α，μ）的值。

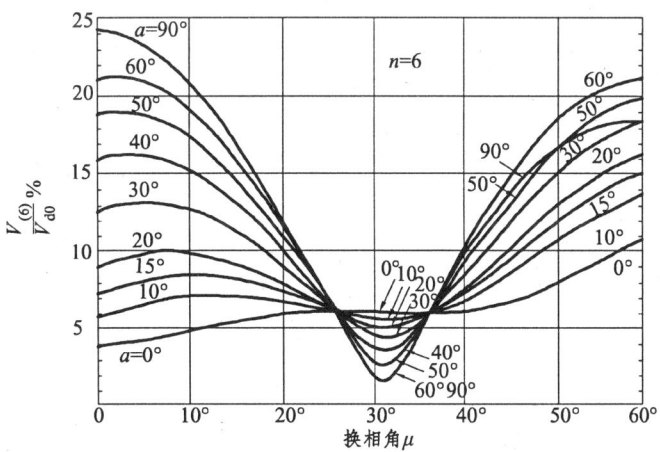

图 3.31　6 次谐波与 α，μ 的关系曲线

2. 直流侧的谐波电流

换流器直流侧的谐波电流可以根据上面所求得的谐波电压来计算，在图 3.32 所示的电路中可以得出

$$I_{d(n)} = \frac{V_{d(n)}}{Z_{(n)}} = \frac{V_{d(n)}}{\sqrt{R^2 + \left[n\omega(L_d + L)\right]^2}}$$

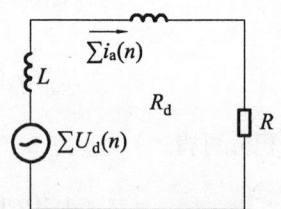

图 3.32 换流器直流侧电流谐波分量的等值图

式中，$Z_{(n)}$——换流器的负载阻抗；
R——换流器的负载电阻；
L_d——平波电抗器的电感；
L——换流器的内电感。

由于 $L \ll L_d$，所以近似计算时有

$$I_{d(n)} = \frac{V_{d(n)}}{\sqrt{R^2 + (n\omega L_d)^2}}$$

3.9.3 交流滤波器

由于谐波的危害性，所以电力系统设计、运行常采用某些方法来抑制谐波，目前在直流系统中常用的方法是增加脉波数和装设滤波器，有关限制谐波的一些新方法将在后面几节中作简单介绍。

如前所述，增加脉波数可以抑制部分谐波，这种方法将受到其他条件的约束，如变压器接线复杂，经济性变差。而相对来说采用滤波器是比较有效的，本节主要介绍滤波器的种类、特性及配置。

1. 滤波器的分类

滤波器的分类可按其用途分为交流滤波器和直流滤波器，按连接方式可分为串联滤波器和并联滤波器，按阻抗特性分为单调谐滤波器、双调谐滤波器和高通滤波器。

并联滤波器与串联滤波器相比具有如下优点：① 滤波效果较好。② 串联滤波器必须通过主电路的全部电流，并对地采用全绝缘，而并联滤波器的一端接地，通过的电流只是由它所滤除的谐波电流和一个比电路中小的基波电流，绝缘要求也低。③ 在交流情况下，并联滤波器除滤波外，其中的电容器还可同时向换流器提供无功功率。因此，高压直流系统中一般都采用并联滤波器。

2. 交流滤波器的阻抗特性

（1）单调谐滤波器。

这种滤波器是电阻 R、电感 L 和电容 C 等元件串联组成的滤波电路，它在某一低次谐波（或接近低次谐波）频率下的阻抗最小，所以是一种并联滤波器，其接线如图 3.33（a）所示，对每一低次的谐波频率就有一个滤波器支路，其阻抗频率特性如图 3.33（b）所示。

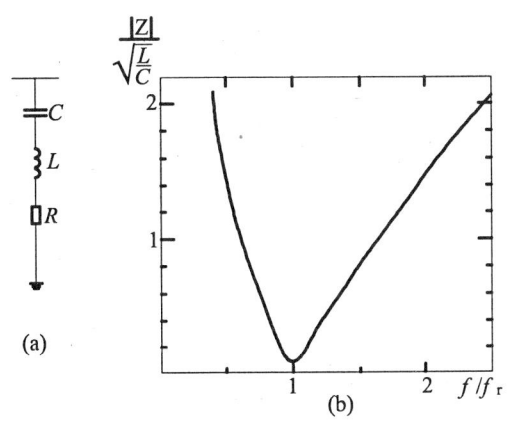

图 3.33 单调谐滤波支路及阻抗频率特性

(2) 双调谐滤波器。

这种滤波器对两种低次谐波同时具有很低的阻抗，即可同时抑制两种特征谐波，它实际上相当于两个单调谐滤波器，且具有两条 RLC 相并联的支路。其滤波支路及阻抗频率特性如图 3.34 所示。

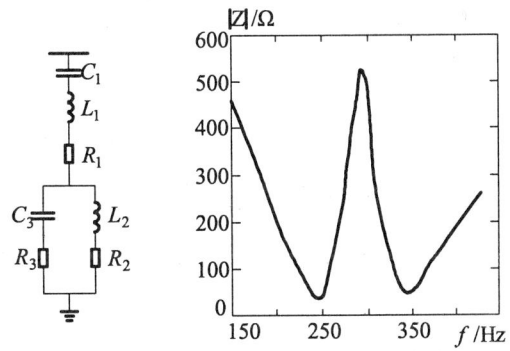

图 3.34 双调谐滤波支路及阻抗频率特性

(3) 高通滤波器。

这种滤波器在一个很宽的频带范围内（例如 17 次及以上的各次谐波频率）呈一个很低的阻抗，其滤波器支路及阻抗频率如图 3.35 所示。

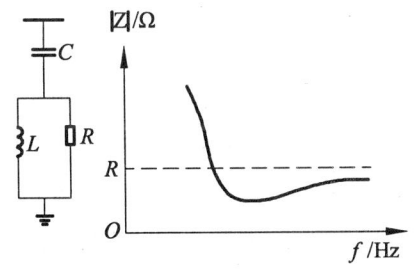

图 3.35 高通滤波器支路及阻抗频率特性

3. 调谐滤波器的参数

对于单调谐滤波器（包括双调谐），由图 3.34 可知，这是一个串联的 RLC 电路，当角频

率为 ω 时，滤波器的阻抗为

$$Z = R_{(n)} + j\left[\omega L_{(n)} - \frac{1}{\omega C_{(n)}}\right] \tag{3-6}$$

当支路谐振时，有

$$\omega_{(n)} = \frac{1}{\sqrt{L_{(n)}C_{(n)}}}$$

令 ω 与 $\omega_{(n)}$ 的偏差标么值 δ（失调度）为

$$\delta_{(n)} = \frac{\omega - \omega_{(n)}}{\omega_{(n)}}$$

电感线圈或电容器在谐振角频率 $\omega_{(n)}$ 时的电抗 x_0 为

$$x_0 = \omega_{(n)}L_{(n)} = \frac{1}{\omega_{(n)}C_{(n)}} = \sqrt{\frac{L_{(n)}}{C_{(n)}}}$$

则为滤波器的调谐锐度（又称为品质因数）

$$Q = \frac{x_0}{R_{(n)}}$$

由上述公式可写出下列公式

$$\omega = \omega_{(n)}(1+\delta) \tag{3-7}$$

$$C_{(n)} = \frac{1}{x_0\omega_{(n)}} = \frac{1}{\omega_{(n)}R_{(n)}Q_{(n)}} \tag{3-8}$$

$$L_{(n)} = \frac{x_0}{\omega_{(n)}} = \frac{R_{(n)}Q}{\omega_{(n)}} \tag{3-9}$$

将式（3-7）~式（3-8）代入式（3-6）可得

$$Z = R_{(n)}\left(1 + jQ\delta\frac{2+\delta}{1+\delta}\right)$$

由于 $\delta \ll 1$，则

$$Z = R_{(n)}(1 + j2Q\delta)$$

即

$$|Z| = R_{(n)}\sqrt{1 + 4\delta^2 Q^2} = x_0\sqrt{Q^{-2} + 4\delta^2}$$

由上式可以看出，当品质因数 Q 值越大，则谐振频率阻抗 $|Z|$ 就越小，滤波效果就越好，同时有功功率的消耗也就越小。但是 Q 值也不能太大，否则系统频率变化时、电感和电容受高温变化而变化时，滤波器容易失调，影响滤波效果。通常，单调谐滤波器的品质因数的参考值在 30~60 的范围内。

对高通滤波器,则由图 3.35 可得其阻抗为

$$Z = \frac{1}{j\omega C} + \left(\frac{1}{R} + \frac{1}{j\omega L}\right)^{-1}$$

调谐角频率 $\omega(n)$ 为

$$\omega_{(n)} = \frac{1}{\sqrt{LC}}$$

其品质因数为

$$Q = \frac{R}{x_0} = \frac{R}{\omega_{(n)}L} = R\omega_{(n)}C$$

注意:上式中 Q 的定义与单调谐时的定义相反,这是因为高通滤波器的接法(R 与 L 并联)与单调谐滤波器中的接法(R 与 L 串联)不同。

高通滤波器的特性还可用下面两个参数来描述,即

$$m = \frac{1}{R^2C}$$

$$f_0 = \frac{1}{2\pi RC}f$$

式中,m 是一个直接与品质因数 Q 有关的参数,它们都将影响阻抗频率特性曲线的形状;f_0 称为截止频率。m 一般在 0.5~2 的范围内取值比较适宜;f_0 一般接近并略高于音调谐波器的最高特征谐波频率(如 13 次,则 f_0=650 Hz)。

4. 交流滤波器的选择设计

交流滤波器是换流站的重要设备之一,其投资约占换流站总投资的 5%~15%,而其中的电容器又是滤波器投资的主要部分。所以交流滤波器的选择首先应根据技术经济分析选择电容,然后根据要求的调谐频率计算出相应的电感,最后再根据最佳 Q 值,确定其电阻值。

例:按最小投资选择滤波器容量求取参数。

调谐在某一特定频率的滤波器,它的投资将随滤波器的容量而变。在某一容量时,投资有一最小值,则投资和容量之间的关系如图 3.36 所示。

该关系曲线由二个分量组成:一是正比于滤波器的基波容量 S,另一个和此容量成反比的谐波分量 S^{-1},即

$$K = AS + BS^{-1}$$

式中,K——投资,元;

S——滤波电容器的基波容量;

A、B——常数,元/Mvar 和元·Mvar。

(1) 滤波电容器所需的总功率。

滤波电容器所需的总功率为工频无功功率和调谐谐波的

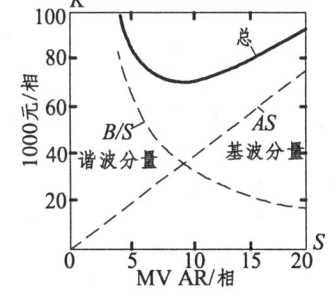

图 3.36 滤波器投资与容量的关系曲线

无功功率之和,工频无功功率(基波无功功率)就是它本身的基波容量,谐波无功功率则与此容量成反比。

滤波电容器所需总功率近似为

$$P_{rC} = V_1^2 \omega C + \frac{I_{nf}^2}{n\omega_1 C} = S + \frac{V_1^2 I_{nf}^2}{nS}$$

式中，C——电容量，F；
ω_1——$2\pi f$，rad/s；
S——电容器的基波容量，Mvar；
I_{nf}——流过滤波器的 n 次谐滤电流，kA，有

$$I_{nf} = S_{eC}\left(\frac{\varphi_m}{2}\right) I_{nc}$$

其中，φ_m——系统阻抗角，一般取 75°；
I_{nc}——换流器发出的 n 次谐波电流。

（2）电抗器所需的功率同样可近似为

$$P_{rL} = \frac{S}{n^2} + \frac{V_1^2 I_{nf}^2}{nS}$$

（3）谐波器的总投资为

$$K = P_{rC} K_C + P_{rL} K_L$$

式中，K_C、K_L——分别为电容器和电抗器的单位投资，若 $K_C \approx 30$ 元/kvar，$K_L \approx 65$ 元/kvar，则

$$K = S\left(K_C + \frac{K_L}{n^2}\right) + \frac{V_1^2 I_{nf}^2}{nS}(K_C + K_L) = AS + BS^{-1}$$

最小投资滤波器的容量可将上式对 S 求导得出

$$\frac{dK}{dS} = A - BS^{-2} = 0$$

$$S_{\min} = \left(\frac{B}{A}\right)^{\frac{1}{2}}$$

当滤波器的电容量为 $C = \dfrac{S_{\min}}{\omega_1 V_1^2}$ 时，有

$$R = \frac{x_0}{Q}$$

（4）校验谐波电压求取参数。

为了限制被调谐次数的谐波电压不超过基波相电压的 1%～1.5%，首先应求出该次谐波电压值，谐波电压可用下式计算，即

$$V_{(n)} = K\delta_m X I_{nc}$$

式中，K——系数（可查表 3.3 选择）；

δ_m——允许的频率偏差；

I_{nt}——换流器发出的 n 次谐滤电流；

X——谐振时阻抗。

表 3.3 谐波电压计算系数表

系统阻抗角 φ_m	15	30	45	60	75	80	85	90
$\delta_m Q$	3.8	1.87	1.21	0.87	0.65	0.6	0.55	0.5
K	2.03	2.14	2.35	2.67	3.17	3.41	3.68	4.00

只要根据允许的 $V_{(n)}$，由已知的 I_{nt} 和 δ_m，就可确定 X 及 C，从而求出 L 和 R 参数。

对于高通滤波器，通常可粗略地由系统无功功率平衡决定电容 C，再按最低次的高次特征谐波（如 17 次）为调谐频率决定 L，最后按 $R=QX$ 算出 R。

3.9.4 交流滤波器的配置及评定准则

对于单桥 6 脉波的直流系统，交流侧通常接有 5 次、7 次、11 次和 13 次四个单调谐波器支路和一个高通滤波器支路，其接线如图 3.37 所示。

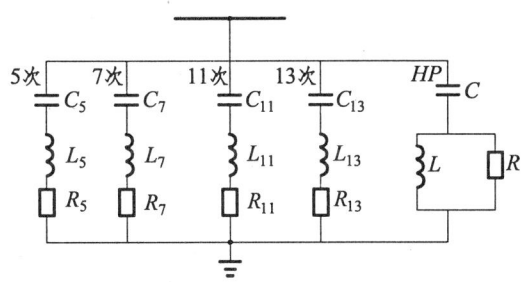

图 3.37 交流滤波器的配置（单桥）

对于双桥 12 脉波的直流系统，振荡时的谐波只有（$12k\pm1$）次，所以对单调谐支路只需配置 11 次和 13 次以及高通滤波器就行了。但如果考虑到双桥系统改变为单桥系统运行时，则需装设 5 次、7 次、11 次和 13 次滤波器以及高通滤波器。

评定滤波器效果是否适当的准则应当是：经滤波以后完全没有谐波的有害影响。但这样的准则从技术和经济来说是不现实的。目前一般按照直流输电工程中采用的下列极限值为参考。

（1）交流正弦波的最大理论偏差为

$$H = \frac{1}{V_{(1)}} \left(\sum_{n=2}^{\infty} V_{(n)} \right)$$

且应不超过 3%～5%。

（2）在 5～25 次谐波电压中，任何一个特征谐波电压不超过 1%，其他各次特征谐波电压的算术和不应超过 2.5%。

(3) 根据国际电话电报咨询委员会的建议,电话谐波波形系数(THFF)应不超过 1%~2%,有

$$\text{THFF} = \left[\sum_{f=0}^{\infty}(k_f p_f V_f)^2\right]^{\frac{1}{2}} \bigg/ V$$

式中,f——谐波频率;
k_f——$f/800$;
p_f——杂音评价系数/1 000,见表 3.4;
V_f——电力线路上频率为 f 的谐波电压有效值。

表 3.4 国际电话电报咨询委员会杂音评价系数(1 000 p_f)和电话干扰评价系数 $p_f k_f$

n	f/Hz	1 000p_f	dB	$p_f k_f$
1	50	0.71	−63.0	0.000 044
2	100	8.91	−41.0	0.001 11
3	150	35.5	−29.0	0.006 65
4	200	89.1	−21.0	0.022 3
6	300	295	−10.6	0.111
8	400	4840	−6.3	0.242
10	500	661	−3.6	0.413
12	600	794	−2.0	0.595
16	800	1000	0.0	1.000
20	1 000	1122	+1.0	1.40
24	1 200	1000	0.0	1.50
30	1 500	861	−1.3	1.62
40	2 000	708	−3.0	1.77
50	2 500	617	−4.2	1.93
60	3 000	525	−5.6	1.97
70	3 500	376	−8.5	1.65
80	4 000	178	−15.0	0.89
100	5 000	15.9	−36	0.10

(4) 在美国和加拿大,一般采用 $I \times T$ 乘积和 $KV \times T$ 乘积来评价电力线路对电话线路的干扰影响,即

$$I \times T = \sqrt{\sum(I_f T_f)^2}$$

式中,I_f——频率为 f 的均方根电流,A;
T_f——相应的单频的电话干扰系数,见表 3.5 内的 TIF 值。

$KV \times T$ 乘积是电力线路上各种频率的电压（kV）乘上相应的电话干扰系数值的平方和的方根值。

表 3.5　1960 年制定的单频率 TIF 值

n	f/Hz	C	dB	TIF	n	f/Hz	C	dB	TIF
1	60	0.001 7	−55.7	0.5	10	600	0.579	−4.5	1 790
2	120	0.016 7	−35.5	10	11	660	0.685	−3.3	2 260
3	180	0.033 3	−29.6	30	12	720	0.767	−2.3	2 760
4	240	0.087 5	−21.2	105	13	780	0.862	−1.3	3 360
5	300	0.150 0	−16.5	225	14	840	0.912	−0.8	3 830
6	360	0.222	−31.1	400	16	960	0.977	−0.2	4 690
7	420	0.310	−10.2	650	18	1 080	1.000	−0.0	5 400
8	480	0.396	−8.0	950	20	1 200	0.977	−0.2	5 860
9	540	0.489	−6.2	1 320	22	1 320	0.944	−0.5	6 230
24	1 440	0.924	−0.7	6 650	44	2 640	0.804	−1.9	10 610
26	1 560	0.871	−1.2	6 790	46	2 760	0.750	−2.5	10 350
28	1 680	0.840	−1.5	7 060	48	2 880	0.692	−3.2	9 960
30	1 800	0.841	−1.5	7 570	50	3 000	0.645	−4.0	9 670
32	1 920	0.841	−1.5	7 050	55	3 300	0.490	−6.2	8 090
34	2 040	0.841	−1.5	8 580	60	3 600	0.359	−8.9	6 460
36	2 160	0.841	−1.5	9 080	65	3 900	0.226	−12.8	4 400
38	2 280	0.841	−1.5	9 590	70	4 200	0.143	−16.9	3 000
40	2 400	0.841	−1.5	10 090	75	4 500	0.081 2	−21.8	1 830
42	2 520	0.832	−1.6	10 480	83.3	5 000	0.033 6	−29.5	840

3.9.5　直流滤波器

如前所述，虽然平波电抗器能够起限制直流谐波的作用，但对于架空线路，通常还需要装设直流滤波器。直流侧谐波的次数为 $n=Kp$，当 $p=6$ 时，n 为 6、12、18 等。因此对 6 脉波直流系统，其直流侧滤波电路如图 3.38 所示。

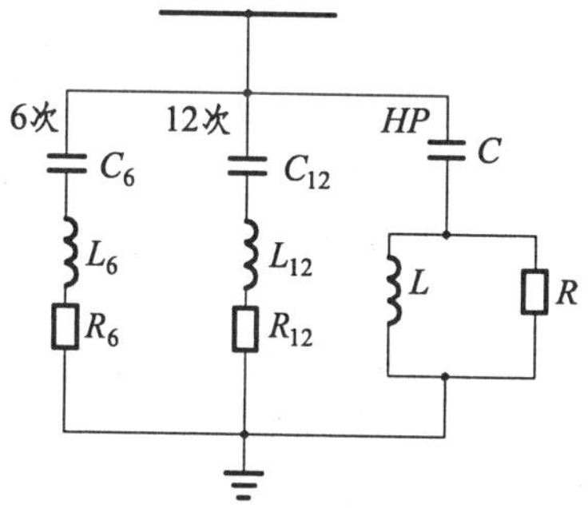

直流侧滤波器的设计步骤和交流滤波器基本相同，但由于直流侧没有无功功率补偿问题，因此，直流滤波器电容器的额定参数不是根据总的无功功率来确定，而是按照线路电压、滤波要求和经济性来决定的，目前常用以下几种不同的准则来规定对直流输电系统中的直流滤波器性能的要求：

图 3.38　直流滤波器的配置（单桥）

(1) 在直流高压母线上的最大电压电话干扰系数（TIF）。
(2) 在接近高压直流线路的电话线路的最大允许对地噪声。
(3) 在接近高压直流线路 1 km 处平行试验线路的最大感应噪声强度。

直流滤波器元件的额定值与交流滤波器大不一样，这是因为电抗值很大的直流电抗器将直流谐波减小到一个比较小的值。因此，电容器的费用几乎完全取决于它的电容量和直流电压值。

在电话干扰极其严重的情况下，可以增加直流电抗器的电感值，或者以串联形式接入两个电抗器。此时，滤波器支路应当连接在两个电抗器之间的节点上。

3.9.6 阻尼型滤波器

目前已投入运行的绝大多数直流工程中采用单调谐波交流滤波器，但是由于技术和经济方面的原因，调谐型滤波器将逐渐被一种新型滤波器——阻尼型滤波器所代替。

采用阻尼型滤波器可使滤波器支路得到简化，例如，用一个单阻尼滤波器样可以同时消去 11 次和 13 次谐波。在这种情况下，该阻尼滤波器的调谐锐度（品质因数）Q 值约为 20～50。

我国在已投运的葛洲坝—南桥高压直流工程中也采用了阻尼型滤波器，其接线图如图 3.39 所示。图中旨在消除 11 次和 13 次谐波的 12 次阻尼滤波器分为两组，其目的是当运行方式变化、所需滤波器容量不同时方便投切。

由于某些高压直流系统的额定参数同系统短路水平面具有同样的数量级，因此增大了系统和滤波器电容之间发生低次谐波谐振的概率。至于是串联谐振还是并联谐振，这取决于低次谐波源是在交流系统内，还是在换流站内。

为了解决这一问题，对于低次谐波可采用阻尼型滤波器，但是在阻尼电阻器中会产生较高的基波功率损耗。为了减小这一损耗，已经设计出一种称为 C 型阻尼滤波器的装置，如图 3.40 所示。图中其电阻器与基波频率调谐臂（C_2-L）并联。这种电路由于是基波频率调谐，因此对频率的变化比较敏感，而且它的损耗也较小。

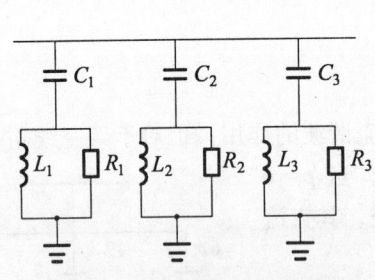

图 3.39 阻尼型滤波接线图

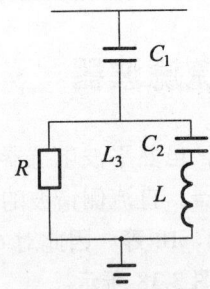

图 3.40 C 型阻尼滤波器

阻尼型滤波器的主要优点是：

(1) 阻尼型滤波器的性能和承载负荷对于温度、系统频率偏移和元件的允许偏差都是不敏感的。

(2) 滤掉的是较宽范围的谐波频率，因此就减少了按谐波次数分组的调谐滤波器这一部分相当可观的投资费用，也相应减少了占地面积。

(3) 减少了维护工作量,基本上不需在现场进行调谐工作。

(4) 根据滤波器的 Q 值和中心频率的条件,非特征谐波也得到吸收。

(5) 对无功功率的控制来说,将滤波器分成较小的组是容易而又经济的;谐波电流在这些组之间的分布也不会有什么问题。

另一方面,为了达到同调谐滤波器同样的滤波特性水平,阻尼滤波器需要的基波无功功率要多一些。通常,调谐滤波器比阻尼滤波器中的谐波损耗要小,然而基波损耗则相反。

3.9.7 消除谐波的其他方法

因为滤波器的复杂性和费用问题,目前世界上有的国家采用了以下几种方法来达到控制谐波的目的,即磁通补偿法、谐波注入法和直流纹波再注入法。

1. 磁通补偿法

图 3.41 基本上说明了这种消除谐波的方法,一台电流互感器用来检测来自非线性负载的谐波分量,通过放大器把这些分量输入变压器的第三绕组上,使其能够消除有关的谐波电流。

与这个系统有关的主要问题是放大器的输出同第三绕组的耦合问题,使谐波电流不致于损坏放大器。为了减少放大器输出的基波电流,可采用有第四绕组的变压器,如图 3.41 所示。

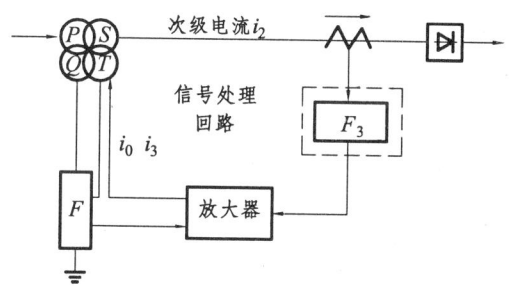

图 3.41 利用磁通补偿的谐滤电流消去法的简单结构

该方法的另一优点是能够把如 3 次、9 次等非特征谐波也考虑进去。主要缺点是:如果没有功率很大的反馈放大器,它就不能有效地消除幅值较大的低次特征谐波。如对于 3 000 MW 的整流负荷,典型的放大器额定值为 750 kW。

2. 谐波注入法

该方法是利用外部电源施加一个谐波电流,从而改变换流器矩形电流的波形,如图 3.42 所示。通常,来自外部电流的 3 倍次谐波注入到导通的变压器各相中。

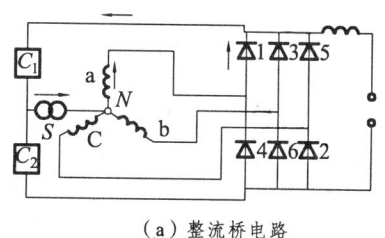

(a) 整流桥电路

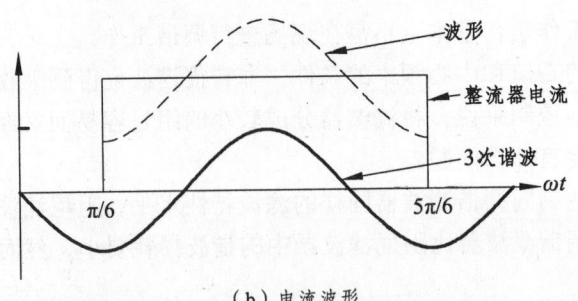

(b) 电流波形

图 3.42 谐滤注入法电路图及电流波形

这种方法的优点在于系统阻抗不再是设计准则的一个部分，但也有下列一些缺点：
(1) 需要 3 倍次谐波电流发电机，而且要与工频同步。
(2) 难以将注入的正弦电流的幅值和相位调整到适应于每一种特定运行状态。
(3) 在任何运行点，都不能消除一个以上的谐波次数。
(4) 由于注入的 3 倍次谐波功率的无谓消耗，导致效率较低。

3. 直流纹波注入法

这种方法的基本原理在于得出 3 倍频电流波形，其幅值取决于直流电流的大小和形状。把这个电流注入到主变压器副绕组的中性点，然后通过导通的变压器绕组流动，则修正后的变压器相电流将只包含与 12 次脉波有关的谐波电流。

图 3.43 说明的直流纹波再注入原理，适用于具有 120°导通阀的静止换流器。在整流侧，变压器必须接成星形，变压器的一次绕组或者第三绕组必须要有一个接成三角形。

图 3.43 中把同直流阻塞电容器 C 串联的单变压器初级绕组，接到共同模式直流纹波电压上。这个变压器向连接到次级绕组的单相 3 倍全波整流器（即反馈换波器 D1）提供换相电压。D1 的输出端同 6 脉波换流器的直流输出端串联。因此，反馈变压器的交流输出是 3 倍频的矩形电流，然后通过变压器的变比将它调整到适当的水平。

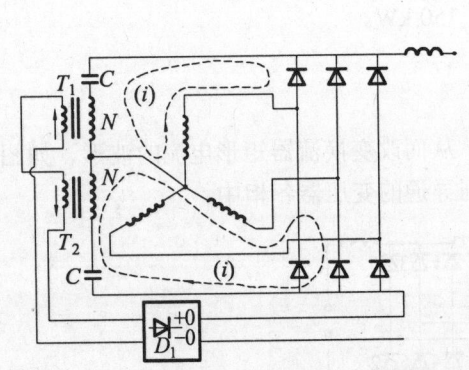

图 3.43 具有直流纹波再注入的整流桥

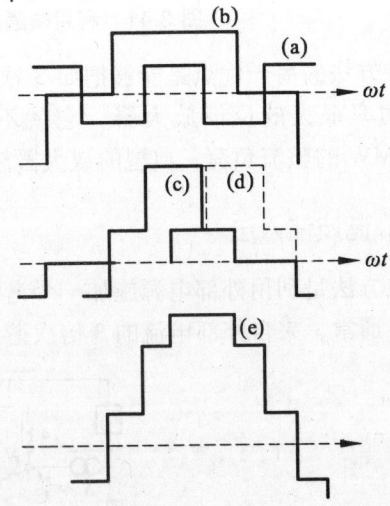

图 3.44 具有直流纹波再注入的电流波形

采用这一方法，电流的波形变化如图 3.44 所示。6 脉波换波器的直流纹波和反馈换流器在主变压器次级绕组的直流侧（即换流顺侧）共同 12 脉波的波形，如图 3.44（e）所示。

再注入谐波的频率来源于电源频率，因而不存在谐波源同电源频率同步的问题。此外再注入电流的相位问题可采用可控整流器反馈来解决。这样，反馈换向器的触发器的触发角控制同整流器的主控制是联锁的，即如果反馈换向器的晶闸管在对应的主换流器晶闸管之后 30°触发，则其波形结果如图 3.44 所示。

对图 3.44（e）所示波形进行傅里叶分析可知，对于一个特定的注入整流器电流的比值，次数为 $n=6k\pm1$ （$n=1,3,5,\cdots$）的所有谐波都为零，而其他次数的谐波段（$n=2,4,6\cdots$）却与以前一样同基波保持着同样的关系。这一结果表明，根据交流和直流系统谐波的观点，原来的 6 脉波换流器已经转换成一个 12 脉波的换流器系统。

思 考 题

3.1 试述直流输电的几个发展阶段。

3.2 试述直流输电与交流输电的优缺点。并根据其优缺点明确直流输电的应用场合。

3.3 请解释交流输电与直流输电的等价距离。

3.4 常见直流输电的接线类型有哪些？有哪些主要设备？

3.5 请画出单极线路方式和双极两线中性点两端接地方式的接线图，并分析其运行情况。

3.6 请画出单桥整流器的原理接线图并分析其工作原理。

3.7 请画出 $\alpha=30°$，$\mu=15°$ 整流器的电压波形图。

3.8 请画出单桥逆变器的原理接线图并分析其工作原理。

3.9 试述晶闸管的基本特性与选择。

3.10 试述换流变压器与普通变压器的异同。

3.11 简述直流电抗器的作用。

3.12 什么是换流站中的特征谐波？并说明脉波数与谐波的关系。

3.13 请画出 6 脉波的交流侧滤波电路接线图，并说明其滤波原理。

3.14 请画出 12 脉波的直流侧滤波电路接线图，并说明其滤波原理。

3.15 试述直流断路器的基本构成原理。

第4章 超高压远距离输电的运行与控制

4.1 交、直流混合输电的稳定问题

4.1.1 交、直流输电的发展概况及面临的问题

1. 发展概况

自电能被发现和使用以来,电力系统的发展大致经历了由直流输电到交流输电,再从交流输电向交、直流互联运行的方向发展的过程。电力系统的发展过程,在某种意义上就是交、直流输电发展的历史。

2. 面临的问题

现代电力系统中,交、直流互联运行已成为电力系统发展的必然,但是,由于交、直流系统有各自不同的运行特点,使交、直流互联运行面临着许多待研究和待解决的问题。例如:直流输电系统只能传输有功功率,不能传输无功功率,同时要吸收大量无功功率的特点,使系统运行中的无功电压稳定性问题成为必须解决的重要课题;直流换流器给系统带来的大量谐波问题等都是交、直流互联运行时必然会面临的重要问题。

4.1.2 交、直流系统电压稳定性静态分析

1. 交、直流系统电压稳定性分析方法

交、直流系统相互作用的简化模型如图4.1所示,其中$P_s + jQ_s$是注入交流系统的功率,$P_d + jQ_d$是注入直流系统的功率,$P_{ac} + jQ_{ac}$是滤波器和无功补偿及负荷的注入功率。由于直流系统控制方式和运行方式多样,分析交、直流系统电压稳定的方法比较复杂,许多方法都是把用于交流系统静态电稳定的方法推广到交、直流系统中。推广的难点在于随着负荷的增加,换流站交流母线电压下降,要不断地考虑直流系统变量是否越限以及运行方式的调整。

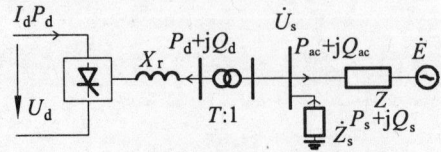

图 4.1 交、直流系统相互作用的简化模型

（1）最大功率法：可以借鉴求取纯交流系统 P-V 曲线的最大功率法来研究交直流并联系统的静态电压稳定性。当直流电流增加时，直流功率随之增加，但当达到某点时，进一步增加直流电流会降低直流功率。由于无功消耗的增加使交流电压及直流电压下降，以致直流电压下降的程度大于直流电流增加的程度，因而存在最大直流功率值。可见，受所联交流系统特性影响，直流输送功率存在上限，越限就不能输送，该上限由交流系统的短路容量确定。

（2）短路比法（SCR）：这是一种简洁、快速的评估交、直流系统电压稳定性的方法。该方法主要是根据交流系统的强弱来衡量换流站交流母线电压的稳定性，也就是把直流输电作为换流站交流母线的负载，以短路比的大小来衡量交流系统的带载能力的强弱。系统越强，换流站交流母线的电压稳定性越强。此种方法虽然可以计及直流换流站的无功补偿，但对直流本身的控制方式却难以反映，所得的结果只具有参考价值。

（3）电压稳定指标（VSI）判据法：VSI 定义为传输一定直流功率下流出交流换流母线的无功对该处电压的导数。VSI>0，换流站交流母线电压静态稳定；反之，静态不稳定。该方法不需对雅可比矩阵进行大的修改，实现较为容易，且由于加入了直流控制方式，因此可以对不同控制方式下的稳定性进行比较。但该法并没有计及实际直流运行中的状态转换，同时给出的 VSI 指标只能定性地判断系统是否稳定，而不能确切地指出离失稳还有多远。

（4）延拓法：该法可以计及直流系统的不同控制方式和运行状态，分析了直流输电及其控制方式以及换流站不同的无功补偿措施对电压稳定性的影响。

2. 多直流馈入系统（MIDC）电压稳定性分析

近来人们致力于把上述方法推广到多馈入直流系统（MIDC）中去。与单直流馈入输电系统相比，MIDC 系统在具有输送容量大和运行方式灵活的优点的同时，也将带来一系列技术和管理上的特殊问题，主要有以下几方面：

（1）增加多端直流网络后，计算的困难增大。

① 换流器有多种不同的运行控制方式，故应方便计及直流系统运行方式的调整。

② 换流变压器的变比属于离散变量。

③ 需考虑交直流网络之间以及直流网络之间的相互影响。

④ 交流系统故障及切除后，过快的直流功率恢复使逆变站吸收大量的无功功率，有可能削弱电网的电压和无功支撑能力，并引起系统发生暂态电压失稳，因此恰当的功率恢复方案（时间、地点、数量）需要研究。

（2）由于落点集中的多个换流站间紧密的电气耦合，系统的无功功率调节问题和电压稳定问题远较纯交流系统和单馈入系统突出和复杂，它们的暂态行为会对互联电网的安全稳定运行产生重要影响。

目前，已有少量文献涉及 MIDC 系统电压稳定性的研究。例如：已提出的 MIDC 系统换流母线电压稳定性评估的模型和算法，将电压稳定性因子（VSF）法推广到 MIDC 系统中；通过雅可比矩阵和特征值分解技术提供电压失稳的裕度和控制信息；将崩溃点法和连续潮流法推广到 MIDC 系统中，计算系统的功率裕度等。但各种方法仍存在一定局限。

3. 交、直流系统电压稳定分析方法的改进

前面讨论的 MPC 等方法简捷、快速，本质上是用静态的观点来解释电压失稳的机理，

而电压失稳实际上是个动态过程,崩溃点法和连续潮流法便是用静态分析技术来研究动态系统的非线性现象。

对于现有的交、直流系统电压稳定的静态分析方法,可以从交、直流系统潮流计算方法以及临界点的求取方法两方面改进。潮流计算中考虑 FACTS 装置的功率注入模型;临界点求取中可以考虑交流系统无功功率特性和 HVDC 系统的控制方式,负荷特性,多种系统运行方式及负荷变化相关性的影响,建立正确的直流模型,进一步推广到 MIDC 中,使交、直流系统的电压稳定性分析更加实际。也可尝试将新的方法比如改进的连续潮流法、内点法等用于分析交、直流系统电压稳定。

为了进一步研究含 HVDC 的系统电压失稳的动态机理,可利用动态分析方法。

4.1.3 交、直流系统电压稳定性动态分析

1. 交、直流系统建模

用于分析交、直流混合系统电压稳定的模型将直接影响仿真分析结果的可信度和由此所制定的控制策略的正确性。在动态电压稳定性研究过程中,一般采取交流网络和直流网络分别仿真。直流系统换流站应采用电磁暂态模型来描述各阀的导通或截止情况及其对电流和电压的影响。目前,美国 EPRI 已将交流网络准稳态模型和直流系统的电磁暂态模型接口,分析交、直流系统的暂态电压稳定。虽然此模型精度高,可适应直流系统各种故障和保护控制的特点,但直流系统的计算十分复杂。故在工程中,广泛采用直流系统换流器准稳态(QSS)模型,此模型简单,计算速度快。

但在 MIDC 系统中,某一直流系统换流母线的电压除了受到所在系统的影响外,还受到与其相联的其他直流系统的影响,直流系统换流器采用 QSS 模型分析缺乏准确性。直流系统采用电磁暂态模型可精确描述换相失败现象,但受求解规模的限制难以应用于实际大电网仿真。这一问题成为含 HVDC 装置的电力系统稳定性分析和协调控制的瓶颈。

2. 交、直流系统电压稳定动态分析概述

交、直流并联系统是一个相当复杂的非线性动态系统,其行为由一组非线性代数方程和微分方程来描述,因而基于静态或准稳态模型的假设并不总能奏效。在电压稳定研究中最近才开始考虑系统动态特性的影响,如同步机、励磁系统、负荷、HVDC、分接头有载调节和自动发电控制等的动态特性,这其中又以负荷特性和参数、无功电源和调压设备的动态特性对电压稳定性影响最大。考虑动态的研究方法有:

(1) 特征分析法:属于小干扰稳定分析研究范畴,该法通过求线性化状态方程的系数矩阵的特征值和特征向量,进而计算特征值的相关因子和相关比,可提供与系统稳定有关的大量有价值信息,有助于分析失稳的原因,找出预防失稳的对策,已成为电力系统动态电压稳定分析的有效工具之一。

(2) 时域仿真法:一般用来考察大扰动下系统的暂态或中长期电压稳定性。该法将系统各元件模型根据元件间拓扑关系形成全系统模型,以稳态工况或潮流解为初值,求扰动下的数值解,即逐步求得系统各节点电压随时间变化的曲线,观察所设定时域内电压变化情况。该法还

可仿真研究直流控制功能对换流站无功功率消耗和电压失稳的影响，如直流调制、依赖于电压的电流指令限制器（voltage dependent currentorder limiter, VDCOL）等。研究发现，VDCOL 的整定值和动态特性对电压稳定性相当关键，低电压时减小直流电流是一种重要控制。

（3）DMPC（dynamic maximum power curve）：与静态分析的最大功率法不同，该法考虑发电机和励磁机参数、直流线路和控制装置动态等动态模型对最大传输直流功率的影响，当达到最大直流功率后，继续增加直流电流则可能导致电压崩溃或使运行状态恶化。

（4）分岔混沌理论：分岔混沌理论广泛用于描述随参数变化的动态系统的轨迹结构的性质和变化。在分岔点处，系统参数变化导致失稳。大致的观点是：电力系统是强的非线性动力系统，重载情况下它的非线性特征越发明显，于是电压稳定问题与各种分岔（静态的、动态的、局部的、全局的）广泛联系起来。研究较多的是鞍结分岔、Hopf 分岔和倍周期分岔等。

4.1.4 潮流的调节

一个发电厂（或送端系统）通过交流输电线向受端交流电力系统送电时，由于系统中各种交流电力设备额定电压的限制，两端的电压不允许有大幅度的变化。即使较大幅度地调节电压，也只能在短时间内使输送的有功功率有所改变，但最终的结果只是改变了无功潮流。要调节输送的有功功率总是要改变功率角的大小，也就是必须调节输入到发电机的机械功率。发电机转子具有惯性，改变功率角需要时间，所以交流输电功率的调节是比较缓慢的。

直流输电线路输送的电流和功率由两端的直流电压所决定，与两端交流系统的频率和电压相位完全无关。直流线路电压的变化不会直接影响系统中交流电力设备的运行电压，也不像交流线路那样受较大的限制，只要不超过允许的最高电压都可以根据需要加以改变，以调节直流线路的电流和功率。另一方面两端直流电压的变化是通过换流站中所配备的电子型调节器改变换流器的触发相位来实现的，调节器的时间常数较小，所以直流线路电流和功率的调节过程较快。

调节直流线路功率时，发电机可以不必立即承担全部的功率变量，只是使两端系统中发电厂负荷和频率改变以达到新的平衡状态，一端系统频率升高，另一端系统频率降低；然后，两端交流系统可各自改变发电厂的输出功率使频率恢复。

直流输电系统的调节方式是多样的，根据技术经济的要求，既可按直流电流、功率或电压等参量进行调节，也可以按交流系统的频率、电压以及输电线功率角等参量进行调节，还可以按这些参量及其变化率的种种组合进行调节。

4.2 交流线路的运行与控制

4.2.1 巡视

架空线路的运行监视工作，主要采取巡视和检查的方法。通过巡视与检查，从而掌握线路运行状况及周围环境的变化，以便及时消除缺陷，预防事故的发生，并确定线路检修内容。

架空线路的巡视（巡线），按工作性质和任务，以及规定的时间不同，分定期巡线、特殊与夜间巡线、故障性巡线和预防性检查。

1. 定期巡线

定期巡线通常也叫正常巡视，目的是为了全面掌握线路各部件的运行情况及沿线的情况。一般规定巡视周期为每月至少一次。但是，根据线路的周围环境、设备情况及季节的变化，必要时可以增加巡线次数，如鸟类活动频繁的季节、高峰负荷时期以及线路附近有施工时，就应当对线路的有关地段适当地增加巡线次数，以便随时发现和掌握线路情况。

1）输电线路的巡视

（1）巡视沿线情况。

① 应消除防护区内的草堆、木材堆、垃圾堆以及倒下时可能损伤导线的树枝和天线。

② 应查明沿线正在进行的工程情况和各种异常现象。如：在防护区内栽植树木，挖渠、土石方爆破、敷设地下管道或电缆、修建道路、码头、卸货场和射击场等，以及出现河流泛滥、水库溢洪、山洪爆发、流冰、杆塔被淹、线路下出现可移动的设施等各种异常现象。

此外，还应观查巡线及检修用的道路、桥梁和便桥的损坏情况。

（2）杆塔的巡视检查。

① 杆塔本身及各部件有无歪斜变形现象。

② 杆塔基础培土情况：周围土壤是否有突起或下沉，基础本身有无开裂、损伤或下沉。

③ 杆塔部件的固定情况：是否有铁螺栓或铁螺丝帽的丝扣长度不够、螺丝松扣、绑线折断和松驰等。

④ 铁塔部件是否有生锈、裂纹和变形；水泥杆有无裂纹、剥落和钢筋外露情况；木杆各构件有无腐朽、烧焦和断裂的缺陷。

⑤ 杆塔上是否有鸟巢及其他外物。

⑥ 塔基周围的杂草是否过高，在杆塔上是否有蔓藤类植物附生。

（3）导线及避雷线的巡视。

① 线条是否有断股、损伤或闪络烧伤的痕迹。

② 三相导线弧垂是否有不平衡现象，导线对地、对交叉设施及其它物体间的距离是否符合有关规定要求。

③ 导线和避雷线是否锈蚀严重。

（4）导线或避雷线的固定和连接处的巡视。

① 线夹上有无锈蚀、是否缺少螺丝和垫圈以及螺帽松扣、开口销丢失或脱出现象。

② 连接器（压接器）有无变色或过热现象，结霜天气连接器上有无霜覆盖，背向阳光看连接器上方有无气流上升，其两端导线有无抽签现象。

③ 释放线夹船体部分是否自挂架中脱出。

④ 导线在线夹内有无滑动现象，护线条有无损坏、散开现象；防振锤有无串动、偏斜、钢丝断股情况；阻尼线有无变形、烧伤、绑线松动现象。

⑤ 跳线是否有弯曲变形或距杆塔过近现象。

(5) 绝缘子与瓷横担的巡视检查。

① 绝缘子和瓷横担是否脏污、瓷质部分是否有裂纹或破碎现象，瓷面是否有闪络痕迹。

② 绝缘子串和瓷横担是否有严重偏斜现象，其固定金具有无生锈、损坏或缺少开口销和弹簧销的情况。

③ 针式绝缘子铁脚螺丝有无丢失。

(6) 防雷及接地装置的巡视检查。

① 管型避雷器的外部间隙是否发生了变动，避雷器是否动作过，其固定是否牢固、接地线是否完好。

② 阀型避雷器的瓷套是否完好，有无裂纹破损现象，表面有无脏污，底部密封是否完好。

③ 保护间隙有无变形和烧伤情况，间隙距离是否有变动、辅助间隙是否完好，有无锈蚀情况。

④ 避雷器与引下线连接是否牢固，其连接处是否缺少线夹。

⑤ 接地引下线与接地装置的连接处是否牢固，杆塔上是否缺少固定接地引下线用的卡钉。

⑥ 双避雷线间的连接线及避雷线与铁塔间的连接线是否缺少。

(7) 拉线的巡视检查。

① 拉线是否有锈蚀、松驰、断股和各股铁线受力不均的现象。

② 拉线桩、保护桩是否有腐朽损坏。

③ 拉线地锚是否有松动、缺土及土壤下陷现象。

④ 拉线棒（地下）、楔型线夹、UT型线夹、拉线抱箍等金具是否有锈蚀和松动；UT型线夹的螺帽是否有丢失；花兰螺丝的止动装置是否良好。

⑤ 拉线在木杆上的捆绑处有无勒入木杆内的现象。

2) 配电线路的巡视

配电线路的巡视内容和输电线路的巡视内容基本相同。由于配电线路设备种类较输电线路多而复杂，所以，巡视时除对上述各项进行巡视检查外，还应对特殊设备进行巡视检查。

(1) 对变压器、柱上油断路器要检查有无漏油、渗油情况，油量是否充足合格，检查变压器响声是否正常；变压器套管是否清洁，有无破损裂纹及放电痕迹等现象。

(2) 对于开关、断路设备要检查接点接触情况及引线间的距离是否合格。

(3) 检查变压器、接地装置、零线、避雷器引线等接线是否正确和牢固。

(4) 对配电线路的周围环境，尤应认真巡视。

巡线工作一般可出一个人进行，而处于山区、林区的送电线路，在巡线时至少由两人进行。单人巡线时，不容许登杆处理缺陷；两人巡线时，可以一人登杆检查或处理缺陷，另一人应做好监护工作，登杆人员还必须注意保持与带电部分有足够的安全距离。

还需指出的是，在巡线时，必须仔细查明线路各部件的缺陷情况，并做好记录。

2. 特殊与夜间巡线

特殊巡线就是在导线结冰、大雾、粘雪、冰雹、河水泛滥、解冻、森林起火、地震以及狂风暴雨等发生之后，对线路的全线、某几段或某些元件，进行仔细地巡视，清查是否有什么异常现象。

夜间巡线是为了检查导线连接器及绝缘子的缺陷。因为在夜间可以发现在白天巡线中所不能发现的缺陷。如：电晕现象（由于绝缘子严重脏污而发生的绝缘子表面闪络前的表面放电现象）；由于导线连接器接触不良，当通过负荷电流时，温度上升很高，致使导线的接融部分烧红，这些在夜间均可看到。

夜间巡视应在线路负荷最大而且没有月光的时间进行。夜间巡视，每年至少应进行一次，每次巡线人数不得少于两人，并应从线路的外侧进行巡视。

3. 故障性巡线

当线路发生故障时，需要进行故障性巡线，以查明线路接地及跳闸原因，找出故障点，查明故障情况。

事故巡线时，除了注意线路本身和各部件外，还应注意附近的环境。如：树木、建筑物和其他临时的障碍物（它们有可能触及线路而引起事故）；杆塔下有无线头木棍、烧伤的鸟兽以及损坏了的绝缘子等物；还应向沿线居民打听故障时看到什么现象没有。当发现与故障有关物件和可疑物件时，均应收集起来，并应对故障点周围情况作好记录，以便作为分析事故的依据。

在故障巡视时更应注意人身安全，如发现导线断线接地时，所有人员都应站在距故障点 8~10 m 以外的地方，并应设专人看管，绝对禁止任何人走近接地点。同时，应设法及时处理。

4.2.2 线路运行中的测量和试验

1. 架空线路限距和弧垂的测照

架空线路的各种限距及导线弧垂均应符合设计要求。按照在运行过程的要求，限距可能受到破坏的原因有下列几点：

（1）在线路下面或其附近新建或改建的建筑物，如道路、电讯线路或低压线路等。
（2）由于修理工作移动了杆塔或改变了杆塔的尺寸，以及改变了绝缘子串的长度。
（3）杆塔歪斜，导线松动而未调整或导线经过长时运行而拉长了。
（4）由于相邻两档内荷重不均匀，导线在悬垂线夹内滑动。

由于上述原因，所以在运行中必须经常观察各种限距的情况，使其符合设计要求。

在巡视线路时，以"眼力"来检查所有限距，同时应注意可能使限距发生变更的原因，如果怀疑某些限距不合乎规定时，必须进行测量。对于耐张、转角、换位等杆塔避引线方面的导线限距，一般均在停电的线路上直接登杆测量；对于导线弧垂，导线跨越和导线交叉地方与各种建筑物之间的限距，一般均不停电，而在距高压线路的危险距离以外，采用经纬仪来测量。

判断弧垂是否合乎要求，首先应记录测量时的温度和弧垂，求出该耐张段间的规律档距当不考虑架空线挂点高差影响时，计算式为

$$l_{np} = \sqrt{\frac{\Sigma l^2}{\Sigma l}} = \sqrt{\frac{l_1^3 + l_2^3 + l_3^3 + \cdots + l_n^3}{l_1 + l_2 + l_3 + \cdots + l_n}} \tag{4-1}$$

式中，$l_1 \sim l_n$ ——耐张段间的各个档距，m。

每个耐张段 l_{np} 的值，已载于线路的设计书中。当所测量的耐张段中，任何档距均不等于 l_{np} 时，在任意档距 l 中，导线的弧垂应为

$$f = \left(\frac{l}{l_{np}}\right)^2 \cdot f_0 \tag{4-2}$$

式中，f ——所求档距 l 中导线的弧垂；

f_0 ——相当于档距 l_{np} 时的弧垂（可从设计给出的弧垂安装曲线表中查出）。

例如：某一线路耐张段，此区段分为：173 m、180 m 和 230 m 三个档距，其规律档距 $l_{np}=200$ m。因为三个档距无一与 l_{np} 相等，所以任意档距间的弧垂应按式（4-2）进行换算。设观测档的档距为 180 m，测量时的温度为 20 ℃，根据安装表查出 $l_{np}=200$ m 时的 $f_0=4.05$ m，由式（4-2）可得档距 $l=180$ m 时的弧垂为

$$f = \left(\frac{180}{200}\right)^2 \cdot f_0 = 0.81 f_0 = 0.81 \times 4.05 = 3.28 \text{ m} \tag{4-3}$$

如实际测得的弧垂小于上列数值，则导线的张力过紧；应适当将导线放松；如大于上列数值，则导线过松，应将导线收紧；如实测的弧垂与安装表求之弧垂相差在 ±5% 以内，则不必调整。

2. 导线连接器的检验

导线连接器（导线接头）是导线最薄弱的地方，很容易发生故障。发生这种故障的主要原因是：① 安装导线连接器时压接得不紧；② 在施工中损坏了连接器或导线的线股。因而降低了导线连接处的机械强度，容易引起事故。所以，要求施工时必须保证质量，并进行认真的检查和试验。

此外，有些故障常常是由于导线通过电流使连接处发生高热造成的。这是因为导线连接处与连接器的电气接触不良，接触面之间的紧密程度降低，致使接触面产生了氧化，连接器电阻增加；当电流（特别是短路电流）通过连接器时，就会产生高热，严重时能够把连接器烧红，使导线个别线股烧断，甚至烧坏该连接器，造成断线事故。因此线路在运行时，必须对导线连接器的电阻和温度进行检查和测试，以保证线路安全运行。

1）导线连接器电阻的测量

由于导线连接器截面面积比导线截面面积大，正常时（即接触良好），连接器电阻应该比同样长的一段导线电阻小。如果连接器的电阻增大了，其值比等长导线电阻还要大，这就说明连接器的电气接触已经劣化。如果连接器电阻和同样长度导线的电阻比值大于 2 时，则此连接器不合格，应立即更换。

根据规定，铜导线连接器每五年至少检验一次；铝线及钢芯铝线连接器每两年至少检验一次。测量连接器电阻的方法有两种：

(1) 带电测量。

带电测量连接器的电阻，是用一种特制的检验杆进行的。用这种方法测量的线路必须是水平排列的，如果是三角形排列，只可以测量下面一相或两相导线上的连接器。

检验杆（见图4.2）是由几根电木管所组成的。杆上端有一根横的电木管1，管的两端有接触钩2，还有一只带整流器D的直流毫伏表mV（见图4.3）。把接触钩压在运行中的导线上时，毫伏表指针就指示出两钩之间导线上的电压降U。如果把接触钩压在连接器的两端，就指示连接器内的电压降U_L。

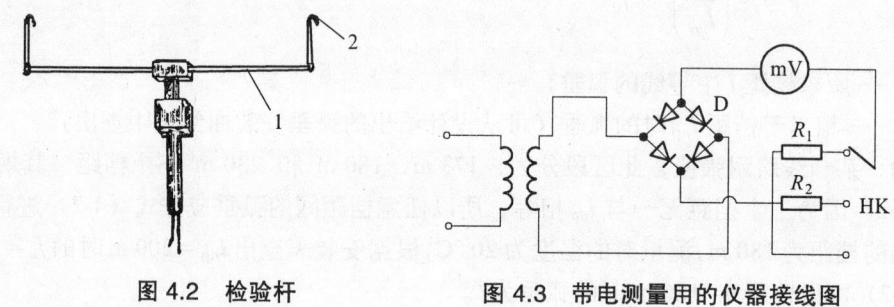

图4.2 检验杆　　　　图4.3 带电测量用的仪器接线图

由式（4-3）可以看出，如果测出连接器和同样长导线的电压降，就可以求得连接器和导线电阻的比值。

用检验杆带电测量连接器电阻时，导线中必须有负荷电流I流过，为了使毫伏表有较大的指示，就应在线路负荷较大时进行测量。另外，为了便于在各种不同大小的工作电流下进行测量，在仪器中还接有切换开关HK和附加电阻R_1、R_2。

为了避免误差，测量导线的电压降时，应在距离连接器1 m以外的地方进行。这是因为连接器的接触劣化时，电流在连接器的附近是集中在外层导线上，所以越靠近连接器，电压降就越大。而在1 m以外的地方，电流在导线中的分布已经均匀，可测出准确的结果。

检验杆的接触钩是用钢制成的，这种钢钩用在铝线和钢芯铝线上可以保证良好的接触。在测量时，如果表针不起，只需将检验杆来回摇动数次，就可以把铝线上的氧化层擦掉以得到良好的接触。而在铜导线上，由于氧化层很难刮掉，不能保证良好接触，因此铜导线连接器带电测量就成问题，一般在停电之后进行。

带电测量时，应遵守带电作业有关规程，在雷电、降雪、下雾和潮湿的天气，以及在风速超过5 m/s时，均不能作业。

(2) 停电测量。

停电测量，是当线路停电后，用蓄电池或变电所的直流电源供给直流电流来进行测量的。其测量原理同带电测量一样。

测量的工具是一根试杆，如图4.4所示，杆上装有接触钩3，接触钩挂在导线1上，两个接触钩之间的距离约为4 m。调节可变电阻器8使电源5回路中的电流大约为0～1.2 A，然后把连好毫伏表7的接触钩9用试杆4先后挂到连接器2和离开连接器1 m处的导线上，并从毫伏表分别读出电压降U_1和U_0，即可求出其电阻比。为了方便起见，可将毫伏表、电流表6、可变电阻器等预先装在一只箱内，如图4.5所示的试验箱接线图。

停电测量时，一般不把导线落下来，只在特殊情况下，如测量跨过山谷的导线上连接器时，才把导线落下来在地面上测量。

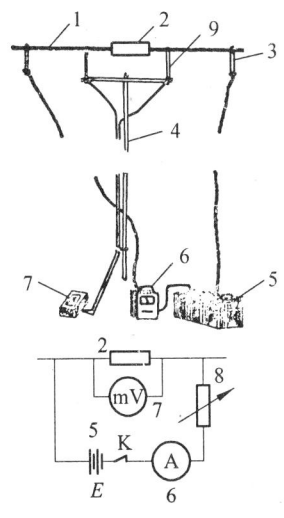
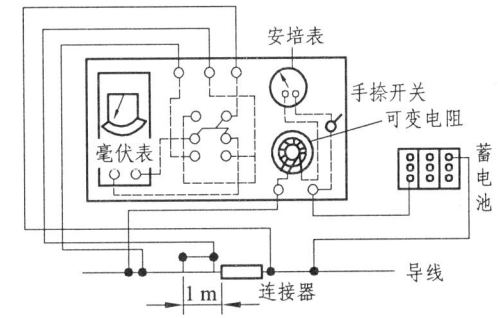

图 4.4 停电测量连接器电阻　　　　图 4.5 试验箱接线图

2）用红外线测温仪来测量导线连接器温度

红外线测温仪是一种远距离和非接触带电设备的温度测量装置，目前用于送变电工程上有 HW-2 型和 HW-4 型两种。前者是小型手提式的，距离测温点 1～5 m 以内；后者是比较大型手提式的，距离测温点在 50 m 左右。这两种测温仪内部结沟原理基本相同。现以 HW-2 型测温仪为例，来叙述红外线测温仪的原理、结构及测量方法。

（1）红外线及其测量原理。

红外线是一种电磁波，它的波长是在 0.76～1 000 μm 之间，在物理学中，我们知道白光在棱镜下可分为红、橙、黄、绿、青、兰、紫等七种颜色的光。它们的波长由红光最大依次到紫光最短，由于红外线紧挨着红光，因此称为红外线。

红外线和可见光一样呈直线传播，能折射、反射和被吸收，也可用透镜进行聚焦等。

红外线是我们肉眼看不见的，但太阳能几乎有 50% 是以红外线辐射的形式传送到地球上来的。因此，红外线与热的传送有着密切的关系。任何物体，不论它是否发光，只要温度高于绝对零度（-273 ℃）都会一刻不停地辐射红外线。温度高的物体，辐射红外线较强；反之，辐射的红外线较弱。因此，我们只要测定某物体辐射的红外线多少，就能测定该物体的温度。红外线测温仪就是根据此原理而制成的。

（2）红外线测温仪的结构。

红外线测温仪是由光路系统和电路系统两部分组成。光路系统是负责瞄准目标，并将目标辐射的红外线接收进来，使其转换成电信号。而电路系统则完成电信号的测量任务，下面将分别叙述测温仪各部分。

① 光路系统。HW-2 型测温仪的光路系统采用单透镜式，镜头是可调的。对于不同距离的被测目标，可以通过调节镜头，使目标的辐射能全部聚焦到热敏元件上。热敏元件是一种半导体器件，它的电阻随着温度的变化而有较明显的变化。当红外线照到热敏电阻上时，由于红外线的能量使热敏电阻温度升高，使电阻值发生变化，这样就将红外线辐射转变成了电信号。

瞄准系统实际上是一只小型的望远镜，镜内有一块"分划板"可将不同距离的目标，瞄准在分划板相应的位置上,如图 4.6 所示。

② 电路系统。测温仪的电路主要由调制级、输入桥、前置级、选频级、移相级、相敏整流和电源等部分组成,如图 4.7 所示,现将各部分作用介绍如下。

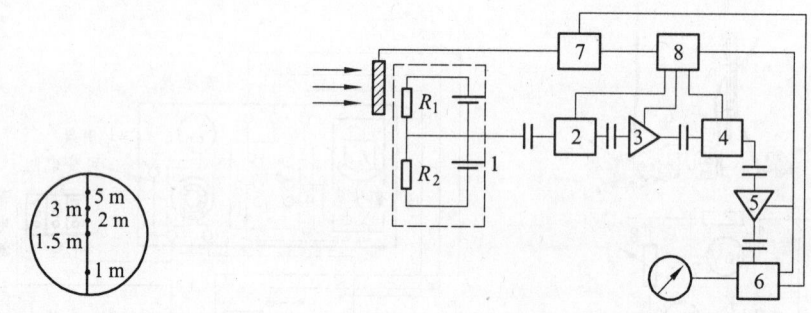

图 4.6　分划板　　　图 4.7　HW-2 型红外测温仪原理电路图

调制级:为了得到一个交变的信号,因此,需要一只调制器,使红外线以断续的形式进入测温仪。调制器是调制级中的主要部件,它是一只多谐振荡器,每秒可送出 30 个方波,振荡频率是 30 Hz。这些方波驱动一只由极化继电器改装成的机械振动式调制片。

输入桥:它是由热敏元件和元件电池组成的电桥。两只热敏电阻 R_1 和 R_2,一只不停接收红外线辐射,另一只是用作补偿环境温度变化的。元件电池是两只 15 V 的电池。当工作元件接收红外线辐射后,电阻发生变化,则电桥失去平衡,于是有信号输出。

前置级:将输入桥输出的信号作一次放大。

选频级:选频级也是一组放大器,它只是对某一频率范围的信号有明显的放大作用,对其他频率信号的放大作用很小。由于方波信号是调制在 30 Hz,因此选频级中心频率为 30 Hz,并将此信号选出来放大。

移相级:由于信号经放大后将有一定的相移,移相级的作用就是补偿这一部分的相移。

输出级:输出级也是一组放大器,是将移相的信号再放大后,输出去测量。在这一级中还有"ε 值修正"的调整。所谓 ε 值,是指同样温度的物体,由于物质及表面状况不同所发射的红外线强度也不同,ε 称为比辐射率。为了使不同的物质处于相同温度时,所测得的温度也一定要相同,因此,一定要改变输出级的放大倍数,以使输出的值一样,"ε 值修正"就是为达到此目的。

相敏整流:就是将输出级输出的信号整流后进行测量,并从表头刻度上直接读出温度值。因此,可直接测得被测目标的表面温度。

(3) 测量方法。

① 合上电源开关,这时应能听到极化继电器的振动声音。

② 转动测量选择开关到与被测物表面温度相应的温度量程。

③ 将 ε 值调整到与被测物 ε 值相应位置(表面氧化了的铜、铝导线接头,其 ε 值一般为 0.8~0.9)。

④ 调整调零电位器,使仪器指示为零。

⑤ 取下镜头盖、将镜头调节到与被测物相应的距离。

⑥ 瞄准导线连接器某一部位,这时可以从仪表上直接读出连接器被测部位高于环境温度的温度差值(温升)。

3. 绝缘子的测试

1）绝缘子串上的电压分布

悬式绝缘子主要由铁帽、铁脚和瓷件三部分组成。从理论分析，可将这三部分看成一个电容器，其铁帽和铁脚分别为两个极，瓷件可作为介质。假设每个绝缘子的电容为 C_0。

绝缘子串可以看成由几个电容 C_0 串联的等值电容。此外，绝缘子上的金属部分又分别和接地杆塔以及和导线形成电容 C_1 和 C_2。因此，绝缘子串上的电压分布可由电容所组成的等值电路来表示，如图 4.8 所示。

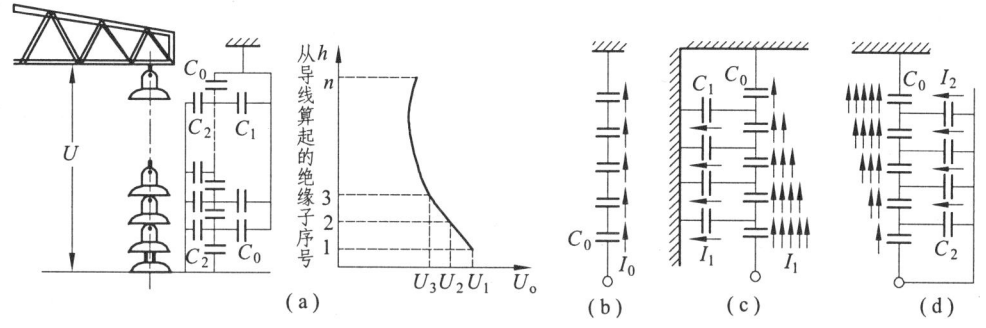

图 4.8　绝缘子串的等值电路和绝缘子串上的电压分布

实际上，每个绝缘子的电容 C_1 或 C_2 互不相等，其大小决定于该绝缘子对杆塔和导线的相对位置。但是，为了分析方便，可以近似地假设每个绝缘子都相同。这样，电路在交流电压作用下，每个电容都将流过电容电流，并在电容上产生压降。流过每个串联电容 C_0 的电流，包括三个分量：

① 贯穿所有串联电容的电流分量 I_0 对每个 C_0 都相同，如图 4.8（b）所示。

② 由对地电容 C_0 引起的电流分量为 I_1，流过每个 C_0 的 I_1 值都不相等，并随着离横担距离的增加而增加，因此靠近导线的绝缘子流过的电流最多，电压降也最大，如图 4.8（c）所示。

③ 由对导线电容 C_2 引起的电流分量为 I_2，流过每个 C_0 的 I_2 值也不相等，并随着离导线距离的增加而增加，同样可知，靠近横担的绝缘子流过的电流最多，电压降也最大，如图 4.8（d）所示。

由此可见，每个 C_0 上分布的电压是由这三个电流分量的总和在 C_0 上引起的压降。因此，由于 C_1 和 C_2 的影响，沿绝缘子串电压分布是不均匀的，从图 4.8（a）中绝缘子上电压和绝缘子序号的关系曲线可以看出，从导线算起的第一个绝缘子上承受的电压最大。故该绝缘子上的电场强度较大，会引起电晕甚至闪络放电，从而加速了绝缘子老化。为此，在超高压绝缘子串的上、下端装有均压环，如图 4.9 所示。这是为了增加绝缘子对导线的电容 C_2，以改善电压的分布，降低靠导线第一片绝缘子的电压。

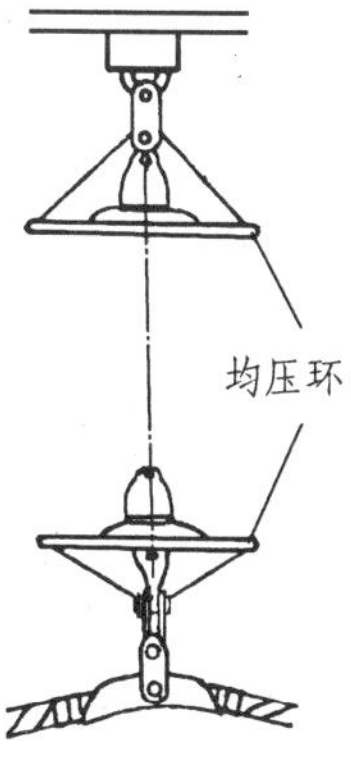

图 4.9　均压环

2）绝缘子串电压分布的测定

架空线路在运行中，除了加强巡线从外部观察绝缘子外，还必须采用特制的工具进行带电试验。主要测量绝缘子串上每个绝缘子上的电压分布是否符合标准，悬式绝缘子串电压分布标准见表 4.1。如果在某一绝缘子串中带有损坏的绝缘子,则损坏的绝缘子上没有电压分布,而加在该绝缘子上的电压将分布在其他良好的绝缘子上。现介绍两种测量电压分布的方法。

表 4.1 悬式绝缘子串电压分布标准

工作电压/kV		绝缘子型式	类别	按瓷横担侧起绝缘子元件顺序的分布电压/kV													
线	相			1	2	3	4	5	6	7	8	9	10	11	12	13	14
220	127	X-4.5	正常的	8	6	5.6	5	5	5	5	6	6.5	7	9	12	1G	31
			有缺陷的,小于	4	3	3	2		2	2	3	3	3	4	6	8	16
110	65	X-4.5	正常的	8	5	5	4.5	6.5	8	10	17						
			有缺陷的,小于	4	2	2	2	3	4	5	9						
35	20	X-4.5	正常的	4	3.5	4.8	8										
			有缺陷的,小于	2	2	2	4										

(1) 火花间隙法。

图 4.10 即是最早采用的火花间隙测杆。这种测杆是一根长为 3~5 m 的绝缘杆,其末端有一个叉形金属头 1。当试验绝缘子串 2 上的每一个绝缘子时,叉的一端与被试绝缘子的铁帽相接触,而另一端逐渐靠近被试绝缘子的铁脚。在叉与绝缘子两端相碰之前,所形成的间隙上作用的电压,就是被试绝缘子上的分布电压。若该绝缘子完好,则在间隙比较大的时候,就开始产生火花放电;如果绝缘子有缺陷,分布电压降低,则只有在金属叉靠近绝缘子时,才会产生火花放电;若金属叉已和铁脚相触也不产生火花放电,则表明此绝缘子已被击穿,为零值绝缘子。因此,可以根据火花声音的大小,来判断绝缘子的好坏。当然这方法是粗略的,不能准确决定部分损坏的绝缘子。

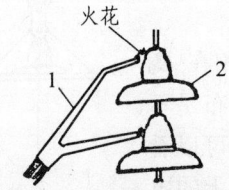

图 4.10 火花间隙试验

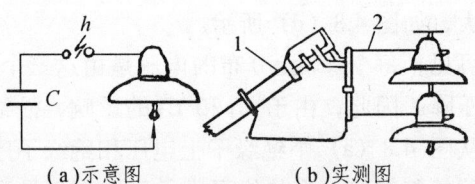

(a)示意图   (b)实测图

图 4.11 可调放电间隙试验

图 4.11 中 1 是具有可调放电间隙的测杆,它可以测得各个绝缘子上的电压分布。这种测杆是由绝缘材料制成,杆长为 3~5 m,上端装有金属叉 2。金属叉可以在 90°范围内旋转,在互相绝缘的叉子的两端有一球间隙 h,此间隙距离可以改变。测量时,将叉接触被试绝缘子铁帽和铁脚,改变间隙的距离使其放电,就可在测杆的测度盘上读出被测绝缘子的电压分布。若两球完全靠近而仍不放电时,则表明该绝缘子已被击穿。与火花间隙辐串接的电容器 C,是用来防止在放电时间隙短路的。

（2）高电阻绝缘测量法。

用高电阻杆配合微安表直接测量各绝缘子的对地电压，如图4.12所示。当用约300 MΩ的高电阻经过一个桥式整流电路与一端接地的微安表串联进行测量时，必须手执测杆接地端，并用高电阻杆从高压端开始逐个去碰绝缘子的金属帽，便可从微安表的读数得到各绝缘子的对地电压。使用高电阻测杆时，应严格检查串联电阻的完好状况，以防止因沿面放电或击穿造成电网接地故障，甚至危及测试人员安全。

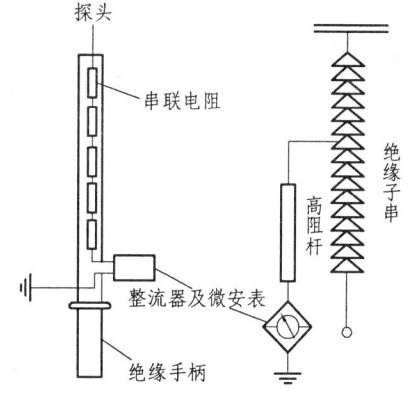

检查绝缘子的顺序是从靠近横担绝缘子开始，直至把这一串绝缘子试完为止。测试时必须作好记录，在测量过程中，需要特别谨慎地注意电压分布较低和火花间隙小（1～2 mm）的一些绝缘子。

图4.12 高阻杆结构及测量示意图

在一串绝缘子中，若发现不良的绝缘子（或零值绝缘子）接近半数，则应停止测量，再不能继续向电压分布高的绝缘子测试了，以免造成事故。

这里应当指出的是，在雨、雾、潮湿天气或大风时，禁止进行绝缘子电压分布的测定。操作人员在操作时，应对带电部分保持足够的安全距离。

4．电力电缆的故障探测

电力电缆在运行中，由于机械损伤、绝缘受潮和变质、铅包腐蚀等原因而发生故障，且其故障点用肉眼看不到，只能靠电气测量的结果来判断，特别是地下电缆，故障点的探测就更为困难。若故障探测不快、不准、延误修复使故障扩大，将影响正常供电。因此，迅速而准确的探测电缆线路的故障点，是电缆线路运行中的一项十分重要的工作。

电缆故障的探测，首先应确定故障性质，以便选择适当的测量方法；其次，确定故障的地段；最后，确定故障点。

1）电缆故障性质的确定

确定电缆故障的性质，一般可用500～1 000 V的摇表，在电缆线路两端分别测量各芯对铅包以及各芯间的绝缘电阻，如图4.13（a）、（b）所示。测定之后，还必须作连续性的试验如图4.13（c）所示，即在电缆一端，把所有的缆芯短接并接地，另一端分别对各缆芯进行测量。从而确定各导体（缆芯）是否完好。

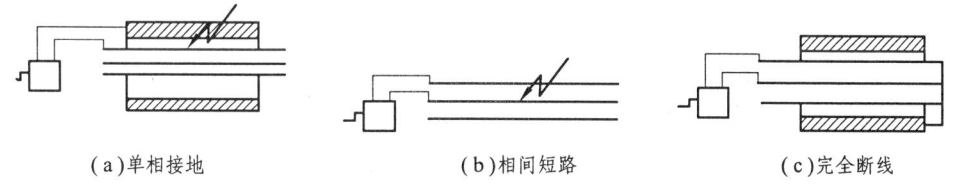

(a)单相接地　　　　　(b)相间短路　　　　　(c)完全断线

图4.13 电缆故障性质的确定

电缆故障性质可分为两大类：第一类，由于缆芯之间或缆芯对护层间的绝缘损坏，因而形成的相间短路或单相接地短路；第二类，由于缆芯连续性破坏，因而形成完全断线或不完全断线。

2）电缆故障地段的确定

电缆故障地段的确定，是用仪器在电缆的一端测出到故障点的电缆长度，而实际测定的往往是这个长度与电缆全长的比值。因此，要求测量的误差应不大于1%。其方法有：电压降法和电桥法，驻波法和脉冲法等。

电压降法和电桥法原理是：由于电缆线路的参数（电阻、电感、电导和电容）是沿线均匀分布的，即单位长度电阻和电容为常数。因此，只要测定故障点两边电阻或电容之比，即可得到故障点两边电缆长度之比，因而便可求得到故障点的电缆长度。

驻波法和脉冲法原理是：由于缆芯电感和缆芯对护层的电容均匀分布，可视为均匀长线，即电磁波沿缆芯的传播速度为常数，且到达故障点将发生反射。因此，只测定脉冲波到故障点的传播时间，即可计算出到故障点的电缆长度。现介绍两种主要的电桥法和脉冲法。

（1）电桥法。

当电缆一芯或数芯经低电阻（几十千欧以下）接地或短路时，可用单臂电桥来测寻故障地段。用此法时，电缆必须有一芯是良好的，否则必须借用其他并行的线路或安装临时线作为回路。

测量前，先在电缆一端，把故障的缆芯和一根良好的缆芯短路，如图 4.14 所示。电缆另一端接上一个电桥，电桥检流计直接接在电缆芯上，这样可以使连接线的电阻和接触电阻从回路部分转移到比较大的桥臂电阻中去，以减少测量误差。

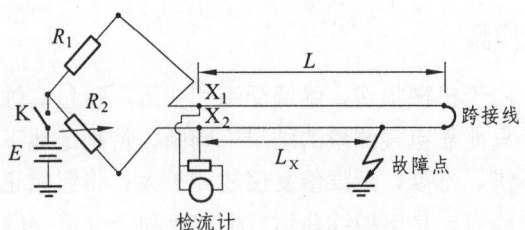

图 4.14 电桥法接线

当将故障缆芯接 X_2，良好缆芯接 X_1 时，称正接法。合上开关 K，接通电源 E，调节可变臂 R_2 使电桥平衡，则有

$$\frac{R_1}{R_2} = \frac{(L - L_X)}{L_X}$$

$$L_X = \frac{R_2}{R_1 + R_2} \cdot 2L$$

式中，R_1——电桥固定臂电阻值；

R_2——电桥可变臂电阻值；

L——电缆长度；

L_X——X_2 端至故障点的长度。

将故障缆芯线接 X_1，良好缆芯接 X_2 的接法称反接法。此时则得

$$L_X = \frac{R_1}{R_1 + R_2} \cdot 2L$$

用同样方法，可在电缆另一端进行测试，将四次试验结果取平均值。为了保证试验的准确度，试验时应注意以下各点：

① 整条电缆线路的截面面积应该相同，如有不同截面连在一起时，应按其电阻换算至同一截面的等值长度。

② 跨接线愈短愈好，其截面面积应不小于电缆芯的截面面积，从电桥接至电缆的引线也应尽量采用截面面积较大的短线。

③ 试验时，如有交流杂散电流影响，以致检流计偏转不稳定，可用滤波器来消除其影响。对于电缆相间短路或接地故障的测试，基本上和单相接地故障相似，这里不再赘述。

（2）脉冲法。

脉冲法，是将脉冲波送到缆芯上去，利用反射波的情况来判定故障点。如果缆芯良好，在电缆首端发出的波，一直要到导线末端才反射回来，因此时间较长。如果缆芯中间有故障，则脉冲达到故障点时即向首端反射，所以出现反射波时间较短。反射波的出现和出现的时间利用示波器可以确定。因此，只要已知电缆中波的传播速度，即可定出故障点至电缆首端的距离。

如果，设至故障点的距离为 L_X，故障缆芯反射波所需时间为 t_b，波速为 v，则

$$2L_X = vt_b$$

$$L_X = \frac{vt_b}{2}$$

波速可由下式确定，即

$$v = \frac{2L}{t_b}$$

式中，L——良好电缆全长；

t_b——良好缆芯反射波所需时间。

利用脉冲法判定电缆故障点的仪器即脉冲探测器，它是由脉冲发生器和示波器组成的。图 4.15 为示波器显示的波形，图中 0 点是送出去的脉冲波，而在 13.9 和 23.3 两点则是故障点的反射波。当反射波和发送的脉冲方向相同，如图 4.15（b）所示，这是断线故障。如果方向相反，如图 4.15（a）所示，则是短路或接地故障。为了从示波器上直接确定到故障点的距离，可以先将脉冲波送到良好的缆芯上去，取得示波器光幕上相当于电缆总长度的格数。然后把脉冲波送到有故障的缆芯上去，量取故障的格数。从这两个格数之比，就可以求得到故障点的距离。

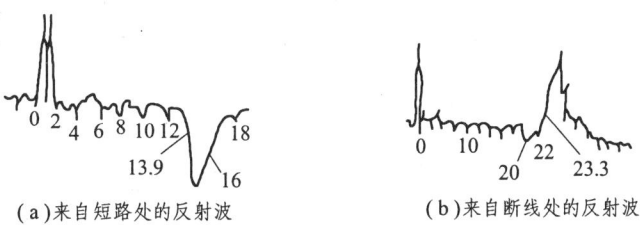

（a）来自短路处的反射波　　　（b）来自断线处的反射波

图 4.15　用脉冲法探测故障的示波图

3）电缆线路故障点的确定

前面几种探测电缆故障方法都有一个共同的缺点，也即测量结果必须进行计算，并且需要实测电缆的长度，可能产生几米到几十米的测量误差。因此，还必须确定电缆的故障点（定点）。所谓定点，即用仪器在现场测定故障点所在的实际位置。因此，要求测量的绝对误差应不大于 1 m。定点方法的原理，就是在故障点附近捕捉相关的电磁现象或派生的其他现象，以确定故障点所在位置。定点的方法主要有感应法和声测法，下面仅介绍声测法。

声测法是利用电容器充电后经过球间隙向故障缆芯放电，并在故障点附近用接收器来判断故障点的准确位置，如图 4.16 所示。

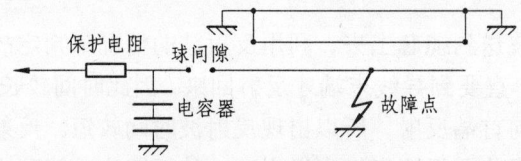

图 4.16　声测法接线图

当高压直流电向电容器充到一定电压时，球间隙被击穿，电容器即向故障缆芯放电，在故障点产生火花，放电时发出声音。如果采用特殊的接收器，在故障点附近几米内，就能听到放电声，声音最响的地方即为故障点。

听棒就是一种接收器。听棒是由一根硬质细长的木棒做成的，下端金属尖端接触地面，上端金属片以供试听，运行经验表明，有半数以上的故障是可用听棒进行定点的。

为了测量时听到较大的声，就要求充电电容应足够大（一般在 0.4～1.0 μF 左右），充电电压不可太低，一般可参考下列数值选择：

电缆额定电压/kV	充电电压/kV
6.6	20～25
10	25～30
35	30～40

5. 配电变压器电压、电流和相位测量

1）电压测量

我们知道，受电设备均有一定的电压标准。如果电压降低，就会使电灯亮度降低；电动机要维持同样的出力，则将引起电流增加，使电动机绕组过热。如果电压过高，则使电动机的铁芯损耗增加，铁芯过热；灯泡寿命也要大大缩短，有时甚至烧坏。为了保证受电设备安全运行，必须测定变压器运行中的电压，以便及时调整过高或过低的电压。

电压测量，也即测量变压器二次出口电压和最远接户线的终端电压，若电压有长期过高或过低情况，则应停电后及时调整变压器分接开关，使电压尽量接近额定值。

2）电流测量

为了监视变压器运行情况，必须测量变压器的负荷电流，如果变压器负荷有下列情况之一，则应进行调整。

（1）变压器中线电流超过低压线圈额定电流的 25%。

（2）负荷电流超过变压器的额定电流。

(3) 负荷经常不足额定容量的二分之一。

测量电流时常用钳形电流表,如图 4.17 所示。它是由电流互感器和电流表组成的。

当握紧扳手时,电流互感器铁芯即可张开(如图 4.17 中虚线所示),然后将被测相的导线卡入锚口为电流互感器原边,放松扳手,使铁芯的钳口闭合后,接在副边线圈上的电流表便指示出被测电流值。

钳形表使用中注意事项:

(1) 测量时应使被测导线处于钳口中央,否则会有误差。若测量大电流后立即去测小电流,应张合铁芯数次以消除铁芯中的剩磁。

(2) 在测量前应调整表头在"零位"。

(3) 被测的电流大小未知时,应先调整转换开关将电流表设为最高量程,然后再回挡减至适宜量程位置。

(4) 应保持钳口的清洁,携带使用时不应受到强烈振动。

为了使并列运行的变压器符合并列条件,在并列前,必须核定变压器的相位。定相试验接线如图 4.18 所示。定相时,先将第一台变压器的一次和二次侧各相分别接到相应的相序上。再将第二台变压器一次侧各相接到相应的相序上,并用电压表分别测定两台变压器 A 相间、B 相间和 C 相间的电压,若所测电压为零或接近于零时,即可并列运行。

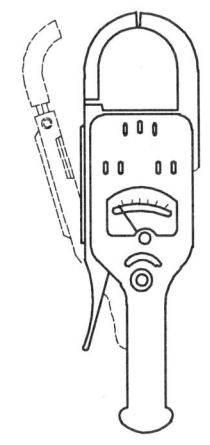

图 4.17 钳形电流表相位核定

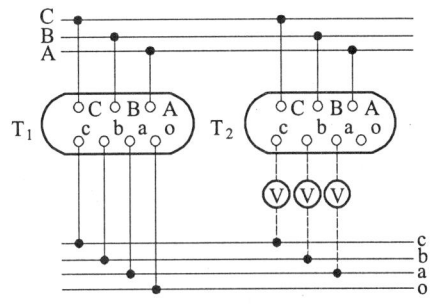

图 4.18 变压器定相试验接线

6. 接地电阻测量

测量接地电阻需用专门的仪表,通常采用 ZC-8 型接地电阻测量仪。这种测量仪是按补偿法原理做成的,分三个端钮和四个端钮两种。有四个端钮时,应将"P_2"和"C_2"短按后再接至被测的接地体。三端钮式测量仪的"P_2"和"C_2"已在内部短接,故只引出一个端钮"E",测量时直接将"E"接至被测接地体即可。端钮"P"和"C"分别接上电压辅助探针和电流辅助探针,并将探针按规定的距离插入地中。

1) 对电压辅助探针和电流辅助探针的要求

在利用接地电阻测量仪测量接地电阻时,辅助探针本身的接地电阻是测量的关键。如果探针的接地电阻太大时,会直接影响仪器的灵敏度,甚至测不出数来。电流辅助探针本身的接地电阻应不大于 250 Ω,电压辅助探针本身的接地电阻应不大于 1 000 Ω。这些数值对大多数种类土壤来说是容易达到的。如在高土壤电阻率地区进行测量时,可将探针周围的土壤用盐水弄湿,其本身的接地电阻就会大大降低。探针一般采用直径为 0.5 cm、长度为 0.5 m 的镀锌铁棒做成。

2) 土壤电阻率的测量

如图 4.19 所示,在被测地区,按照直线排列埋在土壤内的四根棒,它们之间的距离为 a(单位为 cm),棒的埋入深度 h 应不低于 $a/2$,电极分别为 C_1、P_1、P_2、C_2。用四端钮接地电阻测量仪时,可将仪器四个端钮分别接在 C_1、P_1、P_2、C_2 电极上。从 C_1、C_2 端通入电流,则 C_1、C_2 对内测两个电极 P_1、P_2 上产生的电位为

$$U_{P1} = \frac{\rho I}{2\pi}\left(\frac{1}{a} - \frac{1}{2a}\right)$$

$$U_{P2} = \frac{\rho I}{2\pi}\left(\frac{1}{2a} - \frac{1}{a}\right)$$

因为 P_1、P_2 两点间的电位差为

$$U_{P1} - U_{P2} = \frac{\rho I}{2\pi a}$$

所以土壤电阻率为

$$\rho = 2\pi a \frac{U_{P1} - U_{P2}}{I} = 2\pi a R \quad \Omega \cdot cm$$

式中,R——实测的接地电阻读数,Ω;
a——棒之间的距离,cm。

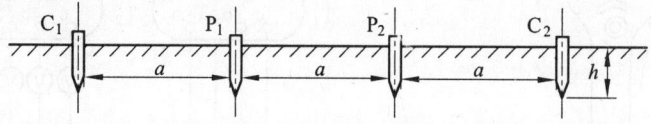

图 4.19 土壤电阻率的测量

3) 电力线路杆塔接地电阻的测量方法及注意事项

(1) 测量前将仪器放平,然后调零,使指针指在红线上。

(2) 将被测杆塔接地体和端钮 E 连接,电压探针和电流探针分别与仪器的端钮 P_1、C_1 连接,其电极布置一般如图 4.20 所示。图中 l 为接地体最长放射线长度,电流探针至接地体的距离 d_1 一般取为 l 的 4 倍,电压探针至接地体的距离 d_2 取为 l 的 2.5 倍。

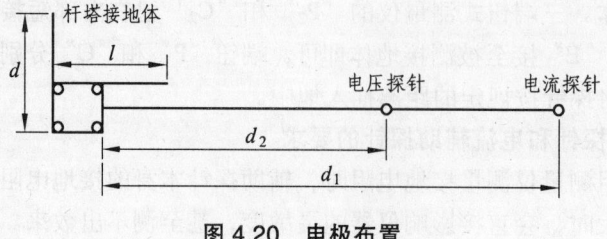

图 4.20 电极布置

(3) 所有连线的截面面积一般应为 $1\sim1.5~\text{mm}^2$。

(4) 在使用摇表时，若发现有干扰、指针摆动等情况，应注意改变几个转动速度，以避免外界的干扰，使指针稳定。

4.2.3 线路运行资料的建立和积累

建立及时和定期的资料整理制度，做好必要的图表记录，随时掌握线路的全部情况，适时提出改进意见，是保证线路安全运行必不可少的工作。

1. 架空线路运行技术资料

线路运行除了应具备有关线路设计、施工技术资料和有关规程外，还必须做好下列技术记录：

(1) 线路缺陷记录。
(2) 线路检修记录。
(3) 连接器试验记录。
(4) 接地电阻测定记录。
(5) 交叉跨越测量记录。
(6) 事故障碍及异常运行记录。
(7) 线路预防性检查试验周期表。
(8) 绝缘子测定分析统计表。
(9) 线路污秽地段记录。
(10) 防洪设施记录。

2. 配电变压器运行资料

(1) 变压器电流、电压测量及负荷分布记录。
(2) 接地电阻测定记录。
(3) 变压器缺陷及处理记录。
(4) 历年变压器事故及故障记录。
(5) 变压器小修记录。
(6) 变压器试验记录。
(7) 变压器分布图和低压线路系统图。
(8) 变压器台账，包括厂名、厂号、相别、容量、位号、安装年月及地址。
(9) 变压器二次熔丝熔断记录。

3. 电缆运行技术资料

(1) 电缆线路的地形图。
(2) 电缆线路网络的系统图。
(3) 电缆线路原始记录，包括准确长度、截面面积、电压、型号、安装日期、线路参数、中间接头及终端头的型号、编号、装置日期。

(4) 电缆线路事故记录。

(5) 电缆试验记录。

4. 防雷运行工作技术资料

(1) 架空输电线路防雷结线图。

(2) 配电系统防雷装置布置图，在配电线路平面图上画出各种防雷装置安装地点、型式。

(3) 架空线路雷击闪络情况记录，包括各条线路的闪络次数，其中引起跳闸的次数及重合闸动作情况；闪络的原因；发生闪络的杆塔的杆型及绝缘子型式；避雷器（保护间隙）动作情况。

(4) 架空线路雷害事故的原因和分析记录。

(5) 每次配电线路雷击断线事故记录。

(6) 配电变压器雷击损坏情况、原因记录。

(7) 避雷器试验与检修记录。

(3) 接地电阻测量检查记录。

5. 架空线路设备缺陷的分类

线路设备缺陷按其危害程度，可分为一般缺陷、严重缺陷、危急缺陷三类。

(1) 一般缺陷。指设备状况不符合规程标准和施工工艺要求，但近期内不影响安全运行，可在周期性检查中予以解决的缺陷。

(2) 严重缺陷。指设备有明显损坏、变形、发展下去可能造成故障，必须列入近期检修计划予以消除的缺陷。

(3) 危急缺陷。指没备缺陷直接影响安全运行，随时可能导致发生事故，必须迅速处理。

6. 架空线路定级工作

根据线路完好状况可分三类：

一类线路。技术状况良好，或虽有一般缺陷，但仍能保证安全、满供。

二类线路。技术状况基本良好，或个别部件有较严重缺陷，但经过运行考验仍能基本上保证安全运行。

三类线路。技术状况不好或普遍存在较严重缺陷，或故障频繁。

一、二类线路统称完好线路，完好线路与线路总数的比值称设备完好率。

4.3 直流输电线路

高压直流输电线路按其结构可分为架空线路、电缆线路以及架空、电缆混合线路三种类型；按其接线方式可分为单极线路、双极线路等（交流输电线路略）。

一般直流系统中的"极"对应于三相交流系统中的"相"，但应注意，从电力传输的角度来说，交流系统中的三相是同时起作用的；而直流系统中的"极"则能单独地输送电力。

从第1章的分析中，已经了解到直流架空线路在线路投资和运行费等方面都比交流架空线路经济。对于电缆线路，在有色金属和绝缘材料相同的条件下，两根芯线的直流电缆线路输送的功率比三根芯线的交流电缆线路输送的功率 P 大得多。在跨海峡等必须用电缆线路进行输电的情况下，如果用直流电缆，则线路部分的造价可比交流电缆输电低得多，而在有些情况下，只能采用直流电缆进行送电。

电缆用于交流时，除了芯线的电阻损耗之外，还存在绝缘的介质损耗以及铅包和铠装中的磁感应损耗，而用于直流时，则基本上只有芯线的电阻损耗且其绝缘的老化也缓慢得多。因此，直流电缆的年运行费用比相应的交流电缆低得多。

4.3.1 高压直流架空线路的额定电压与分裂导线

1. 额定电压

直流架空线路的额定电压，不但决定着输电线路本身的建设费用，而且也直接影响换流站的投资。当输送功率一定时，采用不同的线路电压将影响线路每极导线的总截面面积；而当导线的总截面面积一定时，采用不同的导线分裂数和相应的导线直径，又将导致不同的导线表面电场强度，从而引起不同的电晕损耗以及无线电干扰水平。因此，在选择线路电压时，不仅要考虑线路本身及两端换流站的全部费用，而且要使所选择的导线截面和分裂数满足导线表面允许电场强度的要求；同时，还必须考虑线路的输送容量和电压应与阀桥的额定电压及电流相配合，以便使线路和阀桥都得到充分的利用。

目前，交流输电电压在世界各国已有标准的电压等级系列，但对直流输电的标准电压等级各国都没有作出统一的规定，这是因为，把晶闸管元件或阀桥串并联，可以方便地获得不同的直流电压和电流。根据输送的容量和距离，目前世界各国常采用的直流输电电压有：$\pm 400 \text{ kV}$、$\pm 500 \text{ kV}$、$\pm 600 \text{ kV}$ 等。

直流输电线路的额定电压，可以根据其经济电压 U_{ec} 进行初步选择，然后经过技术经济论证才能最终确定。其 U_{ec} 可按下述经验公式进行计算

$$U_{ec} = \pm \sqrt{\frac{P_d \cdot l \cdot 10^3}{3.398l + 1.408P_d}} \quad \text{kV}$$

式中，P_d——输送的直流功率，MW。

l——输送距离，km。

为了限制电晕损耗和无线电干扰，选择的额定电压值还应根据临界电晕电压进行校验，以满足额定电压小于临界电晕电压的要求。

临界电晕电压的计算，可根据下述步骤进行：

（1）求取起始电晕的临界应力 ε，其值与导线表面、污秽以及天气条件（雨、雾、湿度等因素）有关。对半径为 r 的光滑单导体，根据公式

$$E_c^2 - 2E_c \ln E_c = 1 + \frac{A_0}{r} \frac{p}{p_0} \tag{4-4}$$

再利用牛顿-拉夫逊法解得电晕起始场强 E，则起始电晕的临界应力 ε_c 为

$$\varepsilon_c = E_c \varepsilon_k \tag{4-5}$$

式（4-4）和（4-5）中，ε_k——导线表面电位梯度，一般取 22.8 kV/cm；

p——大气压力；

p_0——标准大气压，为 1.01×10^5 Pa；

A_0——常数，$A_0 = \ln\left(\dfrac{1+\theta}{\theta}\right)/0.618\varepsilon_k^2$；

θ——每个离子发射的二次电子数，取为 10^{-4}。

（2）对于 n 根光滑导线组合的分裂导线束，有

$$\varepsilon_{cn} = E_{cn}\varepsilon_k$$
$$E_{cn} = E_c - \Delta n$$

式中，有

$$\Delta n = (n-1)\sin\left(\dfrac{\pi}{n}\right)\dfrac{r}{d}\dfrac{E_c\left[2 + \dfrac{1}{2E_c} - \dfrac{5}{2}E_c + (E_c+2)lmE_c\right]}{(E_c - \ln E_c - 1)}$$

其中，d——分裂间距。

（3）单极线路的临界电晕电压为

$$U_c = \varepsilon_c \gamma m \ln\dfrac{2h}{r}$$

式中，m——导线不光滑系数，对不光滑导线 $m = 0.82$，对光滑导线 $m = 1$。

（4）双极线路的临界电晕电压为

$$U_c = 2\varepsilon_c rm \ln\dfrac{A}{r}\dfrac{1}{\sqrt{1+\left(\dfrac{A}{2h}\right)^2}}$$

式中，A——线路导线的极间距；

H——导线平均对地高度。

（5）计算分裂导线的临界电晕电压，有

$$U_{cn} = k_n U_c$$

式中，k_n——分裂系数，可查有关资料得到。

2. 分裂导线数

无论采用哪种接线方式，直流架空线路每极导线都可以采用单导线或分裂导线。不过在直流架空线路上采用分裂导线的优点不如交流线路那样显著。

在电压为 ±400 kV 及以上的超高压直流输电的情况下，导线截面和每极分裂导线数的选择受到电场强度与电晕损耗的影响。为了减少电晕损耗与无线电干扰，一般应考虑采用分裂导线，但在同样的电压等级下，直流导线的分裂数可以比交流线路少。

为了保证导线表面电场强度不大于光滑导线整体电晕起始电场强度的 0.75～0.82 倍，容许的最小导线截面和最小分裂导线数见表 4.2。

表 4.2　最小导线截面和最小分裂导线数

电压/kV	每极导线的最小分裂数	最小截面 S_{min}/mm²
±400	2	712
±500	3	480
±600	3	712
±700	4	712

4.3.2　高压直流架空线路的电晕效应

1. 直流电晕的基本特点

电晕放电是一种自持放电现象，开始产生电晕时的电压称为电晕起始电压 U，而电极表面的场强称为电晕起始场强 ε_c。

气体放电过程中的光、声、热等效应以及化学反应都将引起能量损耗。电晕放电过程中，由于起始阶段的放电特点及电压较高时流注不断熄灭和重燃爆发，会出现放电的脉冲现象。因此电晕放电会形成高频电磁波，引起干扰。电晕放电还能使空气发生化学反应，生成臭氧及氢化氮等产物，引起腐蚀现象。

在直流电压作用下，由于导线附近强场区发生游离的结果，使整个电极空间出现了离子流或空间电荷。空间电荷的存在改变了原有的电场分布，也就是说直流电晕的强度受到本身空间电荷的限制。这些电荷一经产生就必然移动到地面或极性相反的另一极上去。在单极直流电晕的情况下，整个电极空间充斥着与导线极性相同的空间电荷，这将使导线附近的电场减弱，起到良好的"屏蔽"作用。在双极情况下，由于在导线间同时存在着两种极性相反的离子流，彼此削弱对方所造成的屏蔽效应，因此双极导线的电晕损耗要比两根极性相反的单极线路的电晕损耗之和大得多。

交流电晕特性与直流电晕特性大不相同，由于导线的极性周期地易号，交流电晕后的离子群只在导线附近的空间来回振荡，很少有离子漂游到较远的地方。正是由于这一区别，在导线表面电位梯度相同的情况下，交流电晕损耗比相应的双极直流电晕损耗要大得多。

对于直流线路，只要导线表面的电位梯度超过某一数值，正、负极导线上都会发生电晕放电，但正、负极性导线周围的放电机理是不相同的，所以正、负极性下的电晕现象也有很大的差别。

对直流电晕根据其试验研究结果，有如下一些特点：

（1）对单极线路，负极性的电晕损耗约为正极性的 2 倍。

（2）双极线路的电晕损耗要比两种极性的单极电晕损耗之和大得多（3～5 倍），它近似地与极间距离的平方成反比。

（3）与交流线路的情况相反，直流线路的电晕损耗基本上取决于好天气时的损耗。因为在坏天气时（雨、雾、雪等），直流电晕损耗比好天气时只增加几倍，而交流电晕损耗在此种情况下则增加几十倍，甚至上百倍。

（4）交、直流线路的年平均电晕损耗的比较表明：当导线表面电位梯度相等时，双极直流线路的年平均损耗仅为相应交流线路的 50%～65%；在年平均电晕损耗相同时，直流线路的导线表面工作梯度可比交流线路大 5%～10%。

2. 直流电晕损耗的计算方法

直流电晕损耗的大小受到许多因素的影响，而且其中有些因素是随机的，这些因素主要包括线路电压、导线截面及表面状况、分裂导线数、分裂间距、极间距离、导线平均对地高度、架空地线以及气象条件等。因此，要从理论上推导出一个完整的计算方法是相当困难的。目前，国外的解决办法是对已经投运的直流线路或试验线路进行实测，通过大量的统计和数据处理，进行理论分析并经修正而得出其经验公式。在目前的经验公式中，较具代表性的有皮克公式（Peek）、安乃堡公式（Anneber.y）、巴布可夫公式（Popkov）、乌尔曼公式（Uhlmann）等。其中，巴布可夫公式比较简单，但考虑的因素较少，误差较大；乌尔曼公式实质上与安乃堡公式相近。因此，国外最常用的是皮克公式和安乃堡公式。

（1）皮克公式。

皮克最初提出的关于电晕损耗的计算公式是针对交流系统的，后经修正的适用于双极直流线路的计算公式为

$$\Delta P_c = \frac{K}{A}\sqrt{\frac{r'}{A}}\left[V-(g_0 m_0 r')\ln\left(\frac{A}{r}\right)\right]^2 \times 10^{-5} \text{ (kW/双极·km)}$$

式中，K——经验常数，取 $K=123$；

r'——导线等效半径，cm；

A——极间距离，cm；

V——极对地电压，kV；

g_0——导体表面的电晕起始电位梯度，$g_0=29.8$ kV/cm；

m_0——导体表面粗糙系数，$m_0=0.47$；

θ——气温，°C。

（2）安乃堡公式

安乃堡公式是根据瑞典的安乃堡试验工程所得到的数据，经分析而得出的。

① 对单极线路，直流的电晕电流为

$$I_c = K_c \cdot n \cdot r \cdot 2^{0.25(g_{max}-g_{02})} \times 10^{-3} \text{ (A/极·km)}$$

式中，n——分裂导线根数；

r——分裂导线半径，cm；

g_{max}——在运行电压下导线最大表面电位梯度，kV/cm；

g_{02}——导线表面的电晕起始电位梯度，$g_{02}=22\delta$，kV/cm（δ 为大气校正系数）；

K_c——导线表面校正系数，取 0.5（光滑）～0.35（不光滑）。

直流电晕损耗为

$$\Delta P_c = V \cdot I_c \text{ (kW/极·km)}$$

式中，V——极对地电压，kV。

在双极线路情况下，有一定数量的电流在极间区流过，总的电晕电流将扩大（1+K）倍，即

$$I_{c2} = (1+K)I_c$$

式中，有

$$K = \frac{2}{\pi}\arctan\frac{2H}{A}$$

$$g_{\max} = \left[1+(n-1)\frac{r}{R}\right]g$$

$$g = \frac{V/r}{\ln\left(\dfrac{2H}{r}\right)+(n-1)\ln\left(\dfrac{2H}{d'}\right)-\dfrac{n}{2}\left[\ln 1+\left(\dfrac{2H}{A}\right)^2\right]}$$

其中，d'——分裂导线中的一根导线对其他导线的几何均距，cm，有

$$d' = \frac{d}{\sin\dfrac{\pi}{n}}\sqrt[n-1]{\prod_{x=1}^{n-1}\sin\frac{x\pi}{n}}$$

d——分裂间距，cm；
V——极对地电压，kV；
H——导线平均对地高度，cm；
A——极间距离，cm；
r——分裂子导线半径，cm；
n——分裂导线根数。

电晕损耗为

$$\Delta P_{c2} = 2V \cdot I_{c2} \quad (\text{kW/双极}\cdot\text{km})$$

（3）实用计算曲线法。

根据国内外最常用的±400～±600 kV 超高压直流架空线路的具体工程实际需要，考虑了分裂导线根数 $n=2\sim 4$，子导线截面 S 为 300～600 mm^2（个别情况为 700 mm^2），极间距离 A 分别为 9～13 m、11～15 m，导线平均对地高度 H 分别为 10～15 m、11～16 m 以及 12～18 m 等不同的组合，得出了一组好天气时的电晕损耗实用计算曲线，如图 4.21 所示。

使用实用计算曲线有如下特点：

① 电晕损耗曲线的横坐标采用子导线截面（不是导线表面电位梯度），使用极为方便。
② 使用时不必进行繁杂的起始电晕电压验算工作。
③ 与交流电晕损耗不同，年平均直流电晕损耗基本上取决于好天气时的值。因此从这些曲线查得的值乘以千米数、再乘以线路的年运行小时数，即可得出该双极线路的全年电晕损耗电量。
④ 当所要计算线路的某些参数，如 A 或 H 与曲线中的不一致时，可用插值法得出结果，不致引起较大的误差，因此这些曲线具有一定的广泛性。

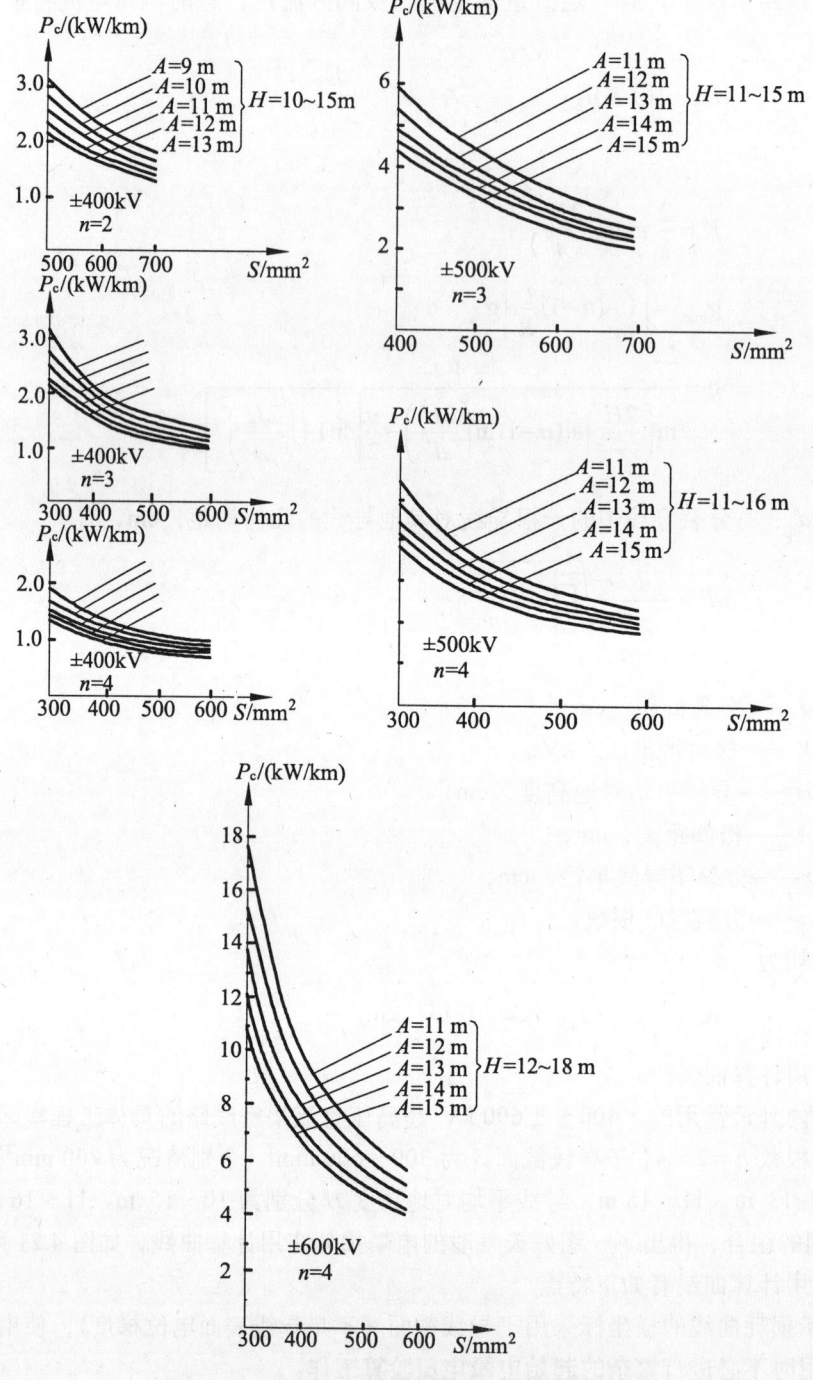

图 4.21 双极直流线路电晕损耗实用计算曲线

H—导线对地高度；A—极间距离；N—分裂导线数

采用电晕损耗实用计算曲线，在保证一定的计算精度基础上，计算十分简便。这对于减少高压直流输电系统的可行性研究、规划设计、工程设计以及交直流输电方案的比较方面的计算工作量有明显的作用。

3. 无线电干扰

高压直流架空线路从三个方面产生无线电干扰：一是换流阀导通时发生的脉冲，并经开关站传到线路上；二是线路上的电晕放电；三是绝缘子上的局部放电。

随着输电电压的提高，解决导线电晕所引起的无线电干扰问题就显得日益重要。允许的电晕损耗水平随着电压的提高与输送功率的增加而显著提高，而允许的无线电干扰水平的绝对值都是固定不变的，这就给问题的解决带来了困难。有许多国家在交流试验线路上广泛地研究过解决无线电干扰问题的方法，这些研究所得出的限制方法同限制能量损耗的方法基本上是相同的，即用增大导线的实际直径（或有效直径）来减小导线表面的电场强度。

在直流电压下进行的实验表明：无论是晴天或雨天，正极性下的无线电干扰总是比负极性下的干扰强得多，所以采用负极性单极线路可以在很大程度上降低直流线路所引起的无线电干扰水平，这是单极线路一般采用负极性为多的一个重要原因。

双极直流线路所造成的干扰水平要比正极性单极线路高。在双极线路上，用分裂导线代替单导线可使干扰水平降低 5 dB 左右。在对地电压相等的条件下，晴天时双极直流线路所造成的无线电干扰水平大致等于或略小于相应的交流线路的干扰水平，雨天时的干扰水平则低于交流线路。

4.3.3 直流架空线路的等值参数

直流架空线的布置通常如图 4.22 所示，它是由正、负导线和架空地线 GW 组成，也可以用图 4.23 所示的 T 型等值图表示。

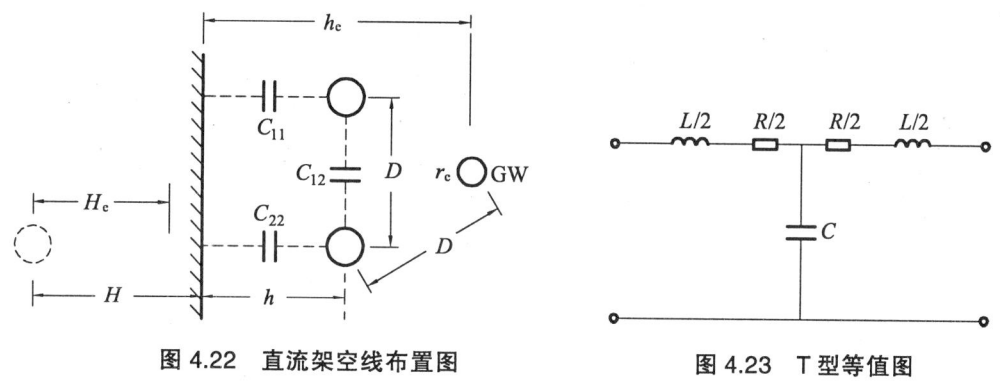

图 4.22　直流架空线布置图　　　　图 4.23　T 型等值图

在 T 型等值图中，相应等值参数可根据不同的条件求得。

（1）双导线自成回路，每根导线的单位电感 L 用下式计算

$$L = 0.05 + 0.460\ 5 \lg \frac{D}{r} \quad (\text{mH/km})$$

（2）单导线以大地作回路的单位电感 L_c 由下式计算

$$L_c = 0.1 + 0.460\ 5 \lg \frac{2H_e}{r} \quad (\text{mH/km})$$

式中，$H_e = (h+H)/2$；$2H_e$ 为等值深度，它随土壤电导和频率变化，可根据下述公式计算

$$2H_e = \frac{1.78 \times 10^{-3}}{\sqrt{f \cdot \sigma \cdot 10^{-9}}} \quad (\text{m} \cdot \text{成本})$$

其中，H——接地极的埋深，m。

（3）双导线以大地作回路（双极导线），每根导线的单位电感 L 除了考虑单导线大地回路系统的 L_c 外，还需考虑两个大地回路系统的互感，由下式计算

$$L'_c = 0.05 + 0.4605 \lg \frac{2H_e}{D} \quad (\text{mH/km})$$

而

$$L = L_c + L'_c (\text{mH/km})$$

（4）电容参数。相互为回路的两根导线间的电容 C_{12} 和单独对地电容 C_{11}、C_{22} 由下式求得

$$C_{11} = C_{22} = \frac{1}{P_{11} + P_{12}} \quad (\text{F/m})$$

$$C_{12} = \frac{P_{12}}{(P_{11}^2 - P_{12}^2)} \quad (\text{F/m})$$

式中，有

$$P_{11} = 2\lg \frac{2h}{r} - \frac{\left[\lg\left(1 + \frac{4hh_c}{D^2}\right)\right]^2}{2\lg \frac{2h_c}{r_c}} 9 \times 10^9 \quad (\text{m/F})$$

$$P_{12} = \lg\left[1 + \left(\frac{2h}{D}\right)^2\right] - \frac{\left[\lg\left(1 + \frac{4hh_c}{D^2}\right)\right]^2}{2\lg \frac{2h_c}{r_c}} 9 \times 10^9 \quad (\text{m/F})$$

等值电容 C（一根导线对地电容）可由下式求得

$$C = C_{11} + 2C_{12} = \frac{1}{P_{11} - P_{12}}$$

当 $h \gg D$ 时，则

$$C \approx \frac{1}{2\lg \frac{D}{r}} \times \frac{1}{9 \times 10^9} \quad (\text{F/m})$$

$$\approx 0.02413 \times \frac{1}{\lg \frac{D}{r}} \quad (\mu\text{F/km})$$

（5）有效电阻 R 因受集肤效应影响比直流电阻 R_{d0} 大，可由下式算出

$$\left. \begin{array}{l} K = \dfrac{mr}{2\sqrt{2}} < 1 \text{ 时}, \dfrac{R}{R_{d0}} = 1 + \dfrac{K^4}{3} \\ K = \dfrac{mr}{2\sqrt{2}} > 1 \text{ 时}, \dfrac{R}{R_{d0}} = \dfrac{1}{4} + K + \dfrac{3}{64K} \end{array} \right\}$$

式中，$m=\sqrt{8\pi\mu f/\rho}$，其中 ρ 为电阻率；f 为频率；r 为导体半径；μ 为磁导率。

4.2.4 直流电缆线路

随着高压直流输电的飞速发展，特别是跨海峡等水下直流输电工程的兴建、大城市供电亟待解决、线路走廊和城市美观等问题，直流电缆又得到了广泛的应用。

目前使用的高压直流电缆有下列几种：

（1）胶浸实心电缆：这种直流电缆的工作电位梯度只能达到 25 kV/mm 左右，电缆的电压只能达到 250~300 kV。适用于长距离海底敷设，因为它不需要供油，而且海水良好的冷却作用能避免浸渍剂的流失，这种电缆不宜作大落差的敷设。

（2）充油电缆：这种电缆在线路额定电压超过 250 kV 时被广泛采用，近年来由于解决了长距离供油的问题，除了陆地上广泛采用外，也作为海底电缆。

（3）充气电缆：电缆中的介质通常选用高密度浸渍纸再充以压缩氮气组成，这种电缆有较高的绝缘强度，其工作电位梯度可达 25 kV/mm 以上，适用于长距离海底敷设以及大落差敷设。但由于电缆内的压缩气体对电缆及其附件的密封性和机械强度提出了很高的要求，所以这种电缆目前还没有被广泛采用。

（4）挤压聚乙烯电缆：这种电缆结构简单而坚固，作为海底电缆是比较适宜的。但按其直流耐压能力来看，工作电压只能达到 200 kV 左右。

4.2.5 大地回路

直流输电的一个很大的特点就是可以利用大地作为回路输送电力。当采用单极或同极线路方式时，其正常运行均是利用大地（或海水）作为回流电路；采用双极线路方式时，正常情况下无大地电流，但当一极导线发生故障，另一极导线利用大地（或海水）作为回流电路时，还可以输送一半容量的电能。所有这些长期或暂时以大地（或海水）作为回流电路的直流线路，都称为大地回路。分析计算表明，以大地（或海水）作为回流电路，可以节约投资和降低损耗，因此其在直流输电系统中获得了广泛应用。

要以大地（或海水）作为直流输电的回流电路，首先要解决的问题是直流接地，它是一项专门的技术，与交流输电系统的接地有许多不同的地方。在采用单极或同极大地回路运行时，将会有持续大电流通过接地电极入地，因此对该接地电极的接地电阻、地表面电位分布及热稳定性都有较高的要求。此外，强大的直流电流流入地后，可能对周围设施（如地下金属管道、交流输电系统、通讯系统等）带来一系列影响。

接地电极按布置场所的不同，可分为陆地电极和海岸电极两种，本节主要介绍前者。

典型陆地电极的形状如图 4.24 所示。通常为直线棒、圆环及星形。我国的第一条直流输电线"葛—上"线，葛州坝采用的是圆环电极，圆环直径为 510 m；上海采用的是直线棒接地电极，其长度为 640 m。

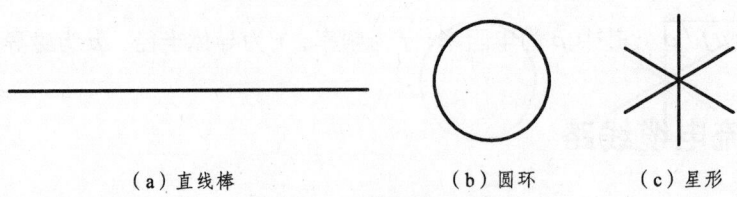

(a) 直线棒　　　(b) 圆环　　　(c) 星形

图 4.24　陆地接地电极

如图 4.24 所示的接地电极都是采用恒定的圆形截面导体制成的,并以同一深度埋入电阻率均匀的土壤中时,它们的接地电阻可分别用下列各式计算。

直线棒(或圆柱体)电极,当 $h \ll l$ 时,有

$$R_d = \frac{\rho}{\pi l}\left[\ln\frac{2l}{b} - 1\right]$$

圆环电极

$$R_d = \frac{\rho}{\pi l}\ln\frac{4l}{\pi b} = \frac{\rho}{\pi^2 D}\ln\frac{4D}{b}$$

n 条臂的星形电极

$$R_d = \frac{\rho}{\pi l}\left[\ln\frac{2D}{\pi b} + N(n)\right]$$

式中,R_d——接地电极的接地电阻,Ω;

ρ——大地的电阻率,$\Omega \cdot m$;

l——接地电极导体的总长度,m;

d——导体的直径,m;

D——圆环的直径,m;

h——接地电极的埋深,m;

b——$\sqrt{dh}$,m;

N——修正系数,其值见表 4.3。

表 4.3　对应于不同导体根数 n 的修正系数 N 值

n	3	4	6	8	10
$N(n)$	0.35	1.45	3.43	5.5	10.00

接地电极可用钢铁、石墨、高硅铸铁等材料制成。要求其具有良好的导电性、较强的耐腐蚀性,同时又比较经济、施工方便等。

对陆地接地电极而言,在大电流入地的情况下,土壤发热会很严重,接地电极的尺寸应根据其热稳定性确定,并以跨步电压的要求进行校验。设计时,首先根据埋设接地电极场地的环境温度,规定极限温度,确定出允许温升值;再利用在均匀媒质中电流场与热流场相似的这一特点,可推出接地电极的电位限值 V_c 与允许温升的关系式为

$$V_c = \sqrt{2\lambda\rho\theta_c} \quad (V)$$

式中，λ——土壤的热导率，W/m·°C。

θ_c——接地电极的允许温升，°C。

设夏季土壤的最高温度为25°C，地中水的沸点为100°C，土壤的热导率 $\lambda = 1$ w/m·°C，代入上式可得

$$V_c = I_d R_d = \sqrt{2\lambda\rho\theta_c} = \sqrt{2\times 1 \times (100-25)\times \rho} = 12\sqrt{\rho}$$

它表明了在最大允许温升的限制下，接地电极的电位限值与土壤电阻率的关系。

若设流入地中的电流 I_d 为 1 200 A，进而可得到表 4.4 中的有关数据。

表 4.4 土壤电阻率与接地电阻及其损耗

$\rho/\Omega\cdot m$	接地电阻 R_d/Ω	功率损耗 $I_d^2 R_d$/kW
10	0.03	46
100	0.10	160
1 000	0.31	460

由此可见，接地电极的功率损耗随土壤电阻率的增大而增加，在高土壤电阻率中可达几百千瓦。因此，在选择接地电极的场地时，要求其土壤电阻率较低（$\rho \leqslant 100\ \Omega\cdot m$），且经常保持一定的水份。

确定出 V_c 和已知直流输电的额定电流 I_d 值后，就可确定出接地电极要求的接地电阻值为

$$R_d = \frac{V_c}{I_d}$$

接地电极的地面电位梯度直接影响人、畜的安全，也是接地电极设计的重要问题。

在计算图 4.25 所示接地电极的地面电位梯度时，如果其埋深远远小于导体的总长度时（通常 $h = 2 \sim 3$ m），可假定电极为无限长的直线，取圆柱形导体单位长度的电流为 I/l，则圆柱形导体的电位梯度 E_1 可表示为

$$E_1 = \rho \cdot J = \rho \cdot \frac{I}{2\pi l r} \quad (\text{V/m})$$

式中，J——圆柱形导体表面的电流密度，A/m²；

I——电极的入地电流，A；

r——导体距地表参考点的距离，m。

利用镜像原理，如图 4.25 所示，可计算出地面上任意点 A 处的电位梯度 E_s，即

$$E_s = 2E_1 \cos\alpha = 2 \times \frac{\rho I}{2\pi r l} \times \frac{x}{r} = \frac{\rho I}{\pi l} \times \frac{x}{x^2 + h^2} \quad (\text{V/m}) \tag{4-6}$$

将式（4-6）对 x 求导，并令其为零，不难得到地面最大电位梯度发生在 $x = h$ 处，其值为

$$E_{max} = \frac{\rho I}{2\pi l h} \quad (\text{V/m})$$

由上式可见，最大电位梯度与导体单位长度电流 I/l 及土壤电阻率 ρ 成正比；与埋设深度 h 成

反比。为了确保人、畜的安全,这些因素都是至关重要的。

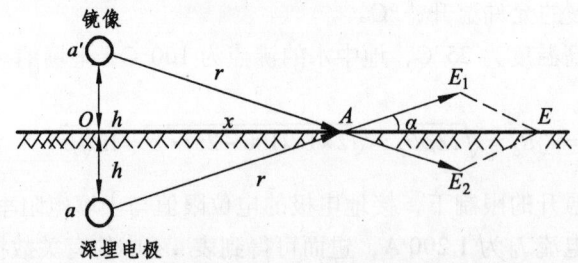

图 4.25 陆地电极地面电位梯度计算用示意图

a—圆柱形导体的截面;a'—其镜像;h—电极的埋深;$OA = x$;$r = \sqrt{x^2 + h^2}$

在校核人、畜的安全时,应以触电后能够本能地甩脱限度为依据。试验表明,"能够甩脱"流过躯体的直流电流值、容许的跨步电压和电位梯度计算式,分别列于表 4.5 和表 4.6 中供参考。

表 4.5 人、畜在不同状态下允许流过的直流电流值

	直流电流/mA	躯体的直流电阻/Ω	备 注
站立的人	5	1 000	赤脚与地面的接触电阻为 $3\rho(\Omega)$,ρ 为地面的土壤电阻率($\Omega \cdot m$)
俯伏的人	22.5		
站立的动物	$\dfrac{22.5 \times 体重(kg)}{70}$	$\dfrac{1\ 000 \times 70}{体重(kg)}$	

表 4.6 人、畜容许的跨步电压和电位梯度计算式

	人		站立的牛或马
	步行中	俯伏状	
容许跨步电压/V	$5+0.03\rho$	$22+0.07\rho$	$22+0.18\rho$
容许电位梯度/(V/m)	$5+0.03\rho$	$(22+0.07\rho)/2$	$(22+0.18\rho)/2$

为了消除直流线路对大地回路及其他公用设施的不利影响,最重要的措施就是使接地电极的位置与有关设施保持足够的距离;如有必要,还可对电极埋设地附近的金属构件采用阴极保护或对地下的金属物加涂绝缘层。

为了避免接地电极的电流对换流站接地网的腐蚀和对站内变压器铁芯饱和程度的影响,通常将接地电极埋在离换流站 8~50 km 的地方。

所谓阴极保护就是使被保护物体对周围土壤保持负电位。从而使电流只流入被保护物,而不从被保护物流出。在金属物上涂附绝缘层,可使电流不能或很难离开被保护物体,其有效程度取决于涂附层的高电阻率、不透水性及涂层与金属物间的粘合质量等。常用的涂层材料有:水泥沙浆、沥青、磁漆、树脂等,最好的涂层材料是聚氯乙烯。

必须指出,加绝缘涂层的缺点是:由于安装时或运行中的损坏,绝缘层可能产生小的破裂,这样,在该处会出现较大的电流密度和腐蚀率,其破坏性会比无绝缘涂层时更大。因此,在现场往往将绝缘涂层与阴极保护结合起来使用。

4.4 高压直流系统的控制

直流输电的一个重要优点就是通过各种控制和调节元件组成的系统,可以流系统实现快速和多种调节。

4.4.1 控制系统的配置

直流输电系统在稳态正常运行方式下的运行参数主要是两端的直流电压、直流电流和输送功率。在运行中,各种因素的变化(如负荷的变化、电压的波动以及各种扰动)都会使上述运行参数发生变化。这就需要各种有关的控制和调节元件来进行调节,以使各运行参数回到设计所需求的原来的或新的稳态值。

直流输电的控制系统的配置如图 4.26 所示。图中所示的总控制是高压直流输电控制系统的一部分,它的主要作用是对直流系统的每一个换流站提供该站控制系统所需的输入指令,使直流输电系统按设计要求运行(例如实现功率、频率或电流的控制等)。

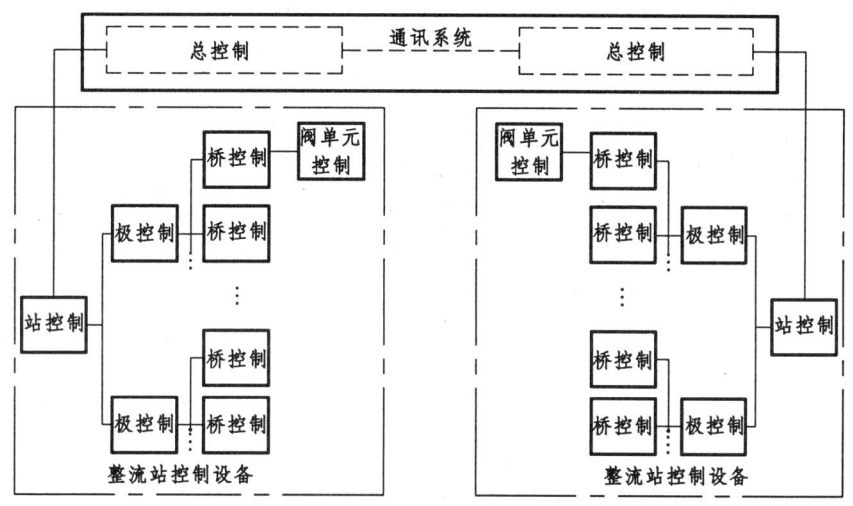

图 4.26 高压直流输电系统控制配置图

站控制是构成一个完整的整流站或逆变站的控制、监视和保护系统的公共部分,它对换流器站内每一个极(正、负极)提供互相协调的被调量指令,如电流或功率指令等。

极控制是使换流站内每一个极的各个换流器单元(又称换流桥)的控制系统互相协调,使提供的被调量指令只产生最小的谐波量。桥控制用于控制构成换流器的每个阀的触发相位,所设计的直流输电系统的各种运行控制特性,最终是通过桥控制来实现的。因此,桥控制是构成直流输电控制系统的重要单元,通常包括:

(1)脉冲相位控制装置:用来产生触发抽象流阀的控制脉冲。

（2）换流桥监视装置：用来测量、记录和显示与换流桥有关的重要电气量、机械量和热量的参数。

（3）换流桥保护装置：用来保护换流桥有关部件，以防止由于异常工况事故而造成的损害。

（4）换流桥程序控制装置：用来使换流桥的相位控制装置、监视和保护装置的工作协调起来，并且能够在运行工况发生变化时，对换流桥进行有关的程序控制。

4.4.2 控制系统的基本要求

控制系统功能的好坏与健全，将直接关系到直流输电系统的运行。因此，必须对控制系统提出一些基本要求，以使它在各种运行状态下能够全面地、快速地执行控制和调节各有关量。

对控制系统的基本要求是：

(1) 为了避免电流流过阀和其他载流元件出现危险的状况，应限制电流的最大值。

(2) 要求限制由于交流系统的波形而引起的直流电流波动。

(3) 尽可能使功率因数保持较高的值，其原因是：

① 对于给定的阀和变压器的电流和电压额定值，要求尽可能高的保持换流器的功率额定值。

② 减小阀和阻力回路的应力。

③ 使接到换流器的变流回路中所需的电流和铜耗达到最小值。

④ 当换流器的负荷减小时，使换流器的交流端的电压降低到最小值。

(4) 尽可能防止逆变器换相失败。

(5) 为了使功率损耗最小，要求保持线路送端电压恒定并等于额定值。

(6) 为了控制所输送的功率，有时则要求控制某一端的频率。

功率因数可以通过接入并联电抗器而得到提高，当然这样必然增加电抗器的投资及增设当换流器负荷变化时改变电容切换装置。

换流器的功率因数对整流站为：

$$\cos\varphi \approx \frac{1}{2}[\cos\alpha + \cos(\alpha+\mu)]$$

对逆变站为：

$$\cos\varphi \approx \frac{1}{2}[\cos\gamma + \cos(\gamma+\mu)]$$

从这两式可知，如果要得到较高的功率因数，则应使延迟角 α 或熄弧角 γ 尽可能小。对于整流器，可使 $\alpha=0$，则 $\cos\varphi=1$。但对于逆变器，为了避免换相失败，在换相电压易号之前换相必须完成，所以 γ 必须要大于某一临界值。

【例 4.1】 对于两端直流输电系统，其等值电路如图 4.27 所示，图中左侧为整流器桥、右侧为逆变器桥。

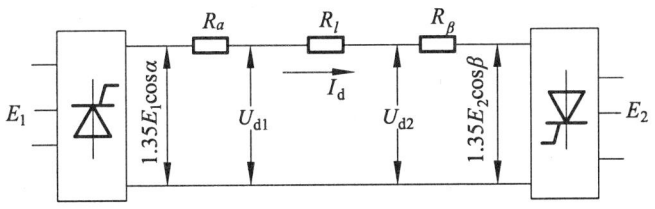

图 4.27 直流输电系统的等值电路图

由图 4.27 可知，直流电流

$$I_\mathrm{d} = \frac{U_\mathrm{d1} - U_\mathrm{d2}}{R_l}$$

当越前角 β 恒定时，有

$$I_\mathrm{d} = \frac{E_1 \cos\alpha - V_\mathrm{d1}}{R_\mathrm{c1}}$$

或

$$I_\mathrm{d} = \frac{V_\mathrm{d2} - E_2 \cos\beta}{R_\mathrm{c2}}$$

因此，由以上三式可得

$$I_\mathrm{d} = \frac{E_1\cos\alpha - E_2\cos\beta}{R_\mathrm{c1} + R_l + R_\mathrm{c2}}$$

$$I_\mathrm{d} = \frac{V_\mathrm{d2} - E_2\cos\gamma}{-R_\mathrm{c2}}$$

因此，有

$$I_\mathrm{d} = \frac{E_1\cos\alpha - E_2\cos\gamma}{R_\mathrm{c1} + R_l - R_\mathrm{c2}}$$

4.4.3 基本控制方式

直流输电系统基本的控制方式有：定电流控制、定电压控制、定越前角 β 控制、定熄弧角 γ 控制和定延迟角 α 控制等。在直流电流控制的基础上，如果修改控制指令，即可发展成为功率控制、交流系统频率控制以及潮流翻转控制等。

1. 定电流控制

（1）控制特性。

定电流控制是直流输电系统最基本的控制方式之一，它的任务是要维持直流电流为恒定值。所以其控制特性为一垂直线，如图 4.28 所示。

（2）控制原理。

控制的原理接线图如图 4.29 所示，其控制系统所执行的控制

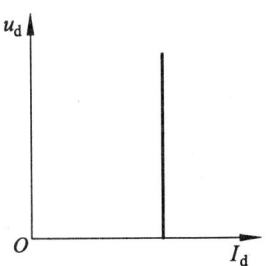

图 4.28 定电流控制特性

步骤如下:
① 通过直流互感器测量直流电流 I_d。
② 将 I_d 与电流整定值 I_{d0}(也称电流指令)进行比较。
③ 将 I_d 与 I_{d0} 比较后的差值 ε(称为误差或误差信号)输入控制放大器 A 中进行放大。
④ 将放大的信号输入相位控制回路作为控制电压,进行所需的相位控制,从而达到控制直流电流为恒定的目的。

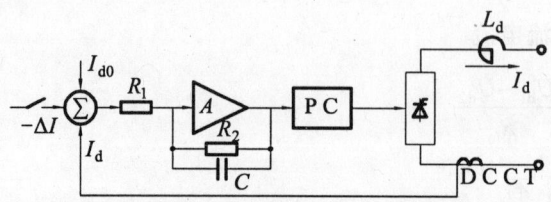

图 4.29 定电流调节器原理

I_d—线路电流信号;A—高增益放大器;I_{d0}—电流指令信号;PC—相位控制器;ΔI—电流裕度信号;
R_1—输入电阻;L_d—直流电抗器;R_2—反馈电阻;DCCT—直流电流互感器;C—反馈电容

2. 定电压控制

定电压控制的基本原理与定电流控制相似,只是反馈信号改变为直流电压。图 4.30(a)所示为定电压控制特性,在这种控制系统的作用下,是以维持直流电压等于整定值为目标。图 4.30(b)是该控制系统原理接线图,其控制步骤与定电流控制大致一样。

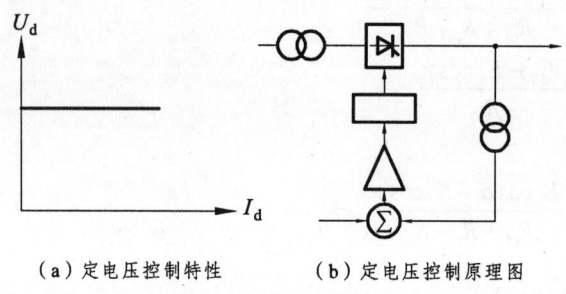

(a)定电压控制特性　　(b)定电压控制原理图

图 4.30 定电压控制

3. 定触发角控制

定触发角控制又分为两种情况:对于整流器而言,为定延迟角控制(定 α 角控制);而对逆变器而言,为定越前角控制(定 β 角控制)。

(1)对定 α 控制,有

$$V_{d2} = E_2 \cos\alpha - I_d R_{c1}$$

其控制特性曲线为一束向下倾斜的平行线族,如图 4.31(a)所示,随着 α 角的增加,斜线往下移动,斜线的斜率为 $-R_{c1}$。

(2)对定 β 控制,有

$$V_{d1} = E_1 \cos\beta - I_d R_{c2}$$

其控制特性曲线为一束往上倾斜的平行线族,如图 4.31(b)所示,随着 β 的增加,斜线向下移动，斜率为$+R_{c1}$。

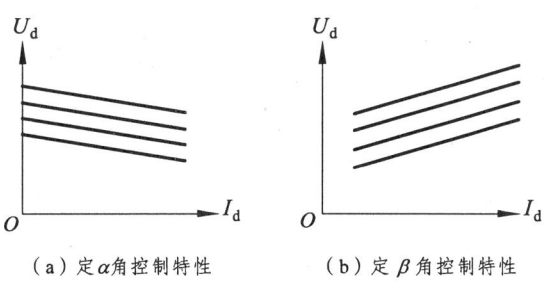

（a）定α角控制特性　　　（b）定β角控制特性

图 4.31　定触发角控制

4. 定熄弧角控制

在实用中，逆变器的控制方式并不以β，而是以熄弧角γ作为控制对象。所以定熄弧角γ控制是逆变器最常用的控制方式，由于$\beta=\gamma+\mu$，所以控制γ也就控制了β。

在直流输电系统中，当换流器作为逆变器运行时，必须设定熄弧角控制系统，才能保证直流输电系统的安全、经济运行。

（1）定熄弧角控制系统的控制特性。

由图 4.32 可见，特性曲线为一族向下倾斜的平行线，γ角越大，曲线越低。

（2）定熄弧角控制的基本原理。

目前，有两种不同原理构成的定熄弧角控制方式，即预测式和实测式。

① 预测式定熄弧角控制。

由逆变器换相原理分析中可知

$$\Delta V = \frac{V_{d0}}{2}\cos\gamma - \cos\beta = I_d R_\beta$$

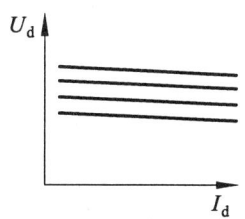

图 4.32　定熄弧角的控制特性

用$\gamma=\gamma_0$，$V_{d0}=\frac{3\sqrt{2}}{\pi}E_i$代入上式整理可得

$$E_i \cos\beta = E_i \cos\gamma_0 - \frac{\sqrt{2}\pi}{3}I_d R_\beta$$

或

$$E_i \cos(180°-\beta) + E_i \cos\gamma_0 - \frac{\sqrt{2}\pi}{3}I_d R_\beta = 0$$

上式由三项组成，可表达为

$$V_A + V_B + V_C = 0$$

预测式的原理框图可用图 4.33 表示。

如E_i、I_d为已知，可求出β，根据计算出来β角去触发逆变器，就能保证逆变器运行在$r=r_0$状态。

② 实测式定熄弧角控制。

在 6 脉波的逆变器中，实际测定 6 个阀的熄弧角r_i与整

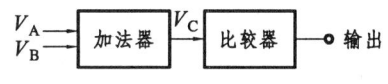

图 4.33　预测式定熄弧角控制原理框图

定值 γ_0 相比较，若其中最小的一个熄弧角 γ 也大于 γ_0 时，则通过减小越前角 β 将熄弧角调整到 γ_0，从而提高了运行的经济性，这种调节称为"经济调节"。若某个阀的 γ_i 小于整定值 γ_0，为了确保安全起见，通过处理元件将下一定阀的触发相位提前，即增大 β 角来满足要求，这种调节称为"安全调节"。

实测式定熄弧角控制的原理框图如图 4.34 所示。

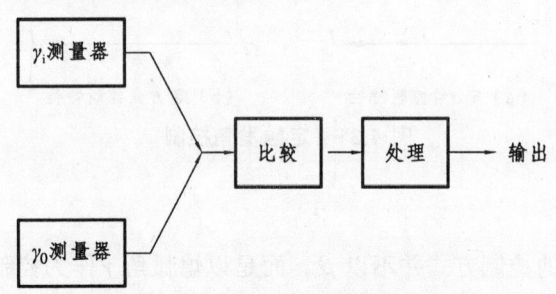

图 4.34 实测式定熄弧角控制原理图

高压直流输电系统中作为基本的受控参数是直流线路电流和直流线路电压。通常，前者通过整流站的定电流控制而得到调节；后者则利用定熄弧角控制来维持直流线路电压。

由于直流输电线路需要按计划输送一定的功率，如果直流输电只设计定电流控制，那么在两侧交流系统电压波动不在时，基本上能满足定功率的要求。如果两侧交流系统电压波动较大时，则必须设定功率控制来满足要求。

5. 功率控制和频率控制

（1）定功率调节器的工作原理。

定功率调节器可分为具有乘法器和具有除法器的两种方式，分别如图 4.35（a）、（b）所示。

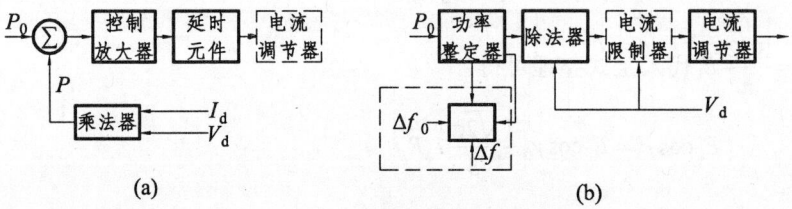

图 4.35 定功率调节器原理框图

（2）频率控制。

实现频率调节的原理方框图和定功率调节器相似，也是以定电流调节器为基础，引入频率调节的信号来改变电流的指令值，通过对直流输送功率（电流）的调节，达到频率调节的目的。图 4.35（b）中虚线框部分即为功率-频率调节器中增加的频率控制部分。

4.4.4 控制系统的实际应用

在高压直流输电系统中，实际应用的控制方式并不是某一种，而是几种基本方式的组合，它们各自担负着不同的控制调节任务而又相互配合，即使在整流器或逆变器中也不是仅仅单须应用门极判断晶闸管 GTO。

（3）超导磁能蓄能器（SMES）。

此装置结构简单，由电力电子换流器（SCR 或 GTO）控制的一个大容量超导蓄能线圈所组成。此装置动作快速、无损耗、维护工作量小、放电/充电的效率在 95%以上、可清除低频振荡、造价高。

作为蓄能器，可提供几秒的备用电力，还可提供同步功率以提高输电的静态和暂态稳定性，提高远距离输电的输送能力，延长发电设备寿命，提供无功功率改进电压稳定性，改进电压质量。微型化可用于配电网。

（4）固态断路器（solid-state circuit breaker）。

采用晶闸管（大功率）型的断路器，可在交流电流第一次过零点时断开，其开断时延只有几个毫秒。如果采用 GTO、MCT 或 MTO 等元件，电流可瞬时被切断，效果将大为提高。

日本采用 SSCB（断开时间 50 ms）配合常规串联补偿，可将原有 340 MW 的输送能力提高到 6 800 MW，如果将 SSCB 的开断时间缩短到 17 ms，则只需单独采用 SSCB 就可达到同样的效果。

（5）次同步谐振阻尼器（SSR-Damper）。

基本结构与 TCSC（可控串联补偿）相同，即将一串联的晶闸管阀与一电感和电阻串联，再与输电线上小补偿度的串补电容并联，阀电流为负荷电流的 15%，只有在电压波形的后 10°左右导通，这样超前和迟后于电容电压过零点时导通即产生一解调 SSR 振荡的阻尼作用。

（6）可控串联补偿（TCSC）。

常规机械型的串补早已较普通的采用。美国的补偿度曾达到 80%，引起过 SSR 导致严重的机组损坏事故。FACTS 概念提出后，TCSC 立刻受到重视。

由于它直接串入输电线，所以可大范围调节线路正序电抗，而且可快速进行连续平滑调节，还可经过自己的 SCADA 系统实现远方的阻抗和功率潮流调节，故可平息地区性振荡并提高暂态稳定性。

目前世界上电压最高的 TCSC 是 GE 公司设计研制的 500 kV 装置，投之于 1993 年。

（7）统一潮流控制器（UPFC）。

电力系统是典型的多自由度的多变量的多输入、多输出的动力系统，实践表明无论从提高其稳定性还是从改善电力系统的动态品质的需要出发都需要有多变量参与控制。而 UPFC 其本身就是一个多输出、多输入的控制系统。它可以压降低，减轻导致保护连续动作或失步，或异常无功需求的大量穿越潮流。同时控制线路的有功、无功和节点电压，也可以分别对其进行有效、快速的控制。因此，它对优化系统运行、提高系统的暂态稳定性和阻尼系统的振荡都具有显著的作用。

UPFC 功能好，造价高。其功能主要有：串联补偿作用、并联补偿作用、综合作用、移相作用、移相和电压调节的综合作用。

（8）串联潮流控制器。是一种简化型的 UPFC，其基本结构和静止调相器相似，区别是其输出变压器串接于办输电线。

作用：可吸收和发出无功，如采用蓄电池或蓄能器，还可与线路交换有功。造价比 UPFC 低，功能比静止调相器好。

（9）可控移相器（TCPS）。

将常规移相器改造成柔性化设备，其功能将大为增强。可平息系统振荡，防止事故后开关过负荷，降低事故后线路功率增大所造成的暂态过程。

（10）晶闸管控制的带负荷调节变压器抽头。

（11）电子换频器或电子换相器。

（12）快速短路电流限流器。

（13）新型串联电抗器。

（14）可控并联电容器。

（15）动态电压限制器。

（16）铁磁谐振阻尼器。

2. 安装于发电厂内而作用于输电的 FACTS 控制器

（1）静止快速励磁系统（SES）。

（2）可控制动电阻（TCBR）。

3. 安装于配用电网内而作用于输电的 FACTS 控制器

（1）低压 SVC 和静止调相器。

（2）有源电力滤波器（APF）。

（3）新型电力有源滤波器。

（4）微型超导磁能蓄能器。

4.5.4 FACTS 技术的局限性和问题

（1）"升流"能力有局限。

"线路热稳定"的能力、线损、压降、过电压、干扰、附件载流能力、事故后的影响等约束限制。

（2）FACTS 控制器的造价。

① 应用单位所能接受。

② 控制器的规模和需求数量的矛盾。

（3）FACTS 技术对研究和试验工具提出的新需求。

所有电力系统的成熟软件包和各种试验工具中都需要重新补入 FACTS 控制器的模型和相应算法或辅件，并适应其动态动作的特性要求。

（4）需预防 FACTS 控制器和电力设备及其他控制器之间的不良相互作用。

FACTS 控制器在当前大多仍属于晶闸管控制型，因此必然会产生高次谐波，甚至谐波振荡等问题。

FACTS 控制器之间、FACTS 控制器与按分散控制理论研制的快速控制器（继电保护、PSS、SVC、励磁系统其他附加控制等）之间、FACTS 控制器与常规机械操作型控制器（汽门快关、电气制动、调速器……）之间的各种相互关系或相互作用必须认真研究。

对于 FACTS 控制器和 EMS（能量管理系统）相应功能的关系和作用，更是有大量的工作需要研究进行。

（5）FACTS 控制器对一些辅助性支持技术将提出新要求。

（6）切换用的电力电子断路器（SSCB）。

输电线的切换操作和事故快速断开、重合闸等开关设备是提高输电线和输电网可控性能的重要电器。它的电力电子化具有重大意义。因固态断路器（SSCB）比常规的机械型更具有竞争性。此外，故障几乎可在瞬间清除，将会使设备损坏和用户停电的损失大为减少。

目前已研制出了配电网用的 13 kV、600 A 的晶闸管断路器。而研制高压和超高压的 SSCB 还需要克服更大的技术上和造价上的困难。

思 考 题

4.1 简述交、直流输电的发展面临的问题。

4.2 简述交、直流混合输电的电压稳定静态和动态分析方法。

4.3 试述直流输电的电晕效应。

4.4 画出直流输电线路的等值电路与参数。

4.5 直流输电大地回路的运行特性。

4.6 作图举例说明高压直流系统控制的基本原理，并列举其基本控制方式。

4.7 试分析比较 HVDC 和 FACTS 的发展前景。

参 考 文 献

[1]　赵畹君. 高压直流输电工程技术. 北京：中国电力出版社，2004.
[2]　林永生，等. 高压直流输电. 上海：上海科学技术出版社，1983.
[3]　湖北省电力公司. 电力新技术应用. 北京：中国电力出版社，2004.